우리 우주의
첫 순간

빅뱅의 발견부터 암흑물질까지
현대 우주론의 중요한 문제들

우리 우주의 첫 순간

At the Edge of Time

댄 후퍼 지음
배지은 옮김

해나무

일러두기

각주에서 옮긴이 주는 '옮긴이'로 표시했습니다. 표시되지 않은 각주는 원주입니다.

셰릴을 위해

차례

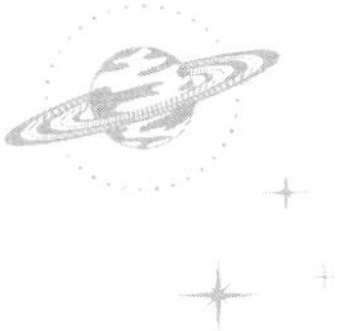

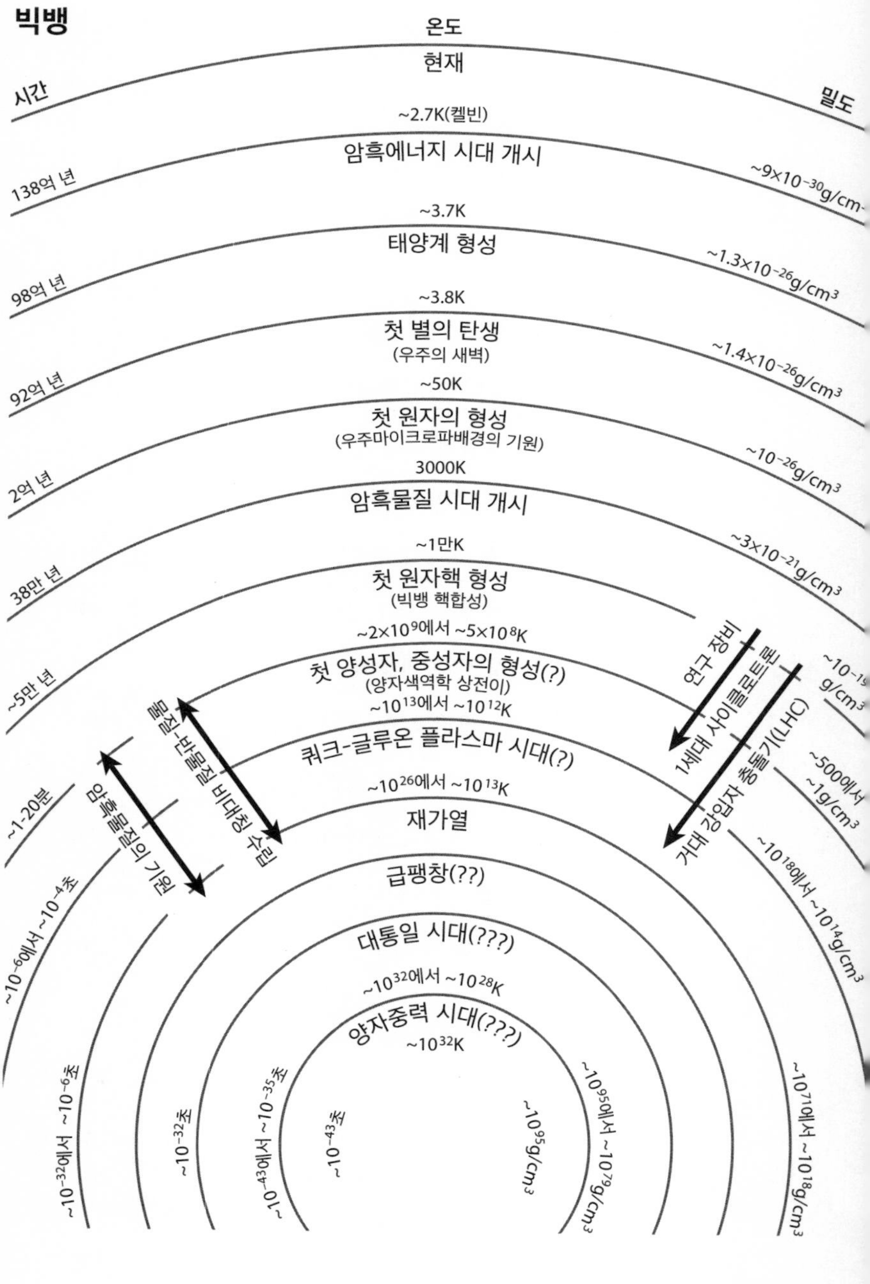

빅뱅
온도
현재
시간
밀도
~2.7K(켈빈)
암흑에너지 시대 개시
138억 년
~9×10^-30g/cm^3
~3.7K
태양계 형성
98억 년
~1.3×10^-26g/cm^3
~3.8K
첫 별의 탄생
(우주의 새벽)
92억 년
~1.4×10^-26g/cm^3
~50K
첫 원자의 형성
(우주마이크로파배경의 기원)
2억 년
~10^-26g/cm^3
3000K
암흑물질 시대 개시
~1만K
38만 년
~3×10^-21g/cm^3
첫 원자핵 형성
(빅뱅 핵합성)
~2×10^9에서 ~5×10^8K
~5만 년
연구 장비
1세대 사이클로트론
거대 강입자 충돌기(LHC)
첫 양성자, 중성자의 형성(?)
(양자색역학 상전이)
~10^13에서 ~10^12K
물질-반물질 비대칭 수립
쿼크-글루온 플라스마 시대(?)
~10^26에서 ~10^13K
~1-20분
암흑물질의 기원
~500에서 ~1g/cm^3
재가열
~10^18에서 ~10^14g/cm^3
급팽창(??)
~10^-6에서 ~10^-4초
대통일 시대(???)
~10^32에서 ~10^28K
양자중력 시대(???)
~10^32K
~10^-32에서 ~10^-6초
~10^-32초
~10^-43에서 ~10^-35초
~10^-43초
~10^95g/cm^3
~10^95에서 ~10^79g/cm^3
~10^71에서 ~10^18g/cm^3

1장

우주 최초의 순간

자연이 우리에게 보여주는 것은 사자의 꼬리뿐이다.
그러나 전체가 한눈에 다 보이지 않더라도
그 꼬리 끝에 사자가 달려 있다는 사실만큼은 의심스럽지 않다.

— 알베르트 아인슈타인

약 138억 년 전, 우리 우주는 최초의 순간을 경험했다. 우주의 첫 순간은 거의 모든 것이 미스터리다. 그 순간 존재했던 물질이 어떤 형태였는지, 어떤 물리 법칙을 따랐는지 우리는 알지 못한다. 확실히 아는 것이라고는 갓 태어난 우주가 오늘날 이 세상에 존재하는 그 무엇과도 공통점이 거의 없었다는 사실뿐이다.

찰나의 순간이 지난 후—약 10^{-43}초—중력은 지금 우리가 알고 사랑하는 중력과 대단히 비슷하게 행동하기 시작했을 것이다. 이와는 대조적으로 자연의 다른 힘들—전자기력, 강한핵력, 약한핵력—은 지금과는 완전히 다르게 보였을 것이다.

그러다가 상황이 이상하게 꼬였다. 10^{-32}초 정도가 흐른 어느 때, 우리 우주는 엄청나게 빠르게 팽창하기 시작했다. 그 전의 팽창 속도와는 견줄 수도 없이 빠르게. 이 팽창은 너무나도 빨라서 거의 순간적으로 일어난 것처럼 보였고, 우리 우주의 모습은 완전히 변형되었다. 우주 급팽창cosmic inflation이라고 부르는 이 시기에, 고작 10^{-32}초 동안 우리 우주의 부피는 무려 10^{75}배 늘어났다. 이 팽창으로 말미암아 공간 안의 모든 물질 조각은 빛의 속도보다도 훨씬 더 빠른 속도로 서로에게서 멀어졌다. 급팽창이 끝날 무렵, 입자들은 사방으로 펼쳐진 텅 빈 광활한 공간에 고립된 채 덩그러니 남겨졌다. 그러다가 찰나보다도 더 짧은 순간이 지난 후 우주는 다시 한번 물질과 에너지로 채워졌다. 우리 우주는 새롭게 출발하며 두 번째 시작을 맞이했다.

1조분의 1초가량이 지난 후에는 우리가 아는 네 가지 힘이 전부 자리를 잡고 오늘날과 굉장히 비슷하게 행동하게 되었다. 그리고 이 시기에 우리 우주의 온도와 밀도는 급격히 떨어지고는 있었지만, 그래도 믿어지지 않을 만큼 높았다. 이때 우주 전체의 온도는 10^{15}켈빈 정도에 달했다. 이때는 힉스 보손과 꼭대기 쿼크 같은 특이한 입자들도 전자와 양성자만큼 흔했다. 우주 구석구석은 쿼크와 글루온의 고밀도 플라스마로 채워져 있었고, 여기에 다른 형태의 물질과 에너지도 함께 존재했다.

또 한 번 100만분의 1초 정도의 팽창을 겪은 후 우리 우주는 냉각되기 시작했고, 충분히 식어 쿼크와 글루온이 결합해 첫 양성자들과 중성자들이 만들어질 수 있었다. 이렇게 만들어진 양성자와 중성자는 몇 분 안에 융합되어 첫 원자핵을 형성했다. 이 시기의 우리 우주 전체는 현대의 별의 핵과 매우 닮았다. 그러나 그런 식으로 오래가지는 않았다. 우주는 계속 팽창하면서 온도가 꾸준히 떨어졌고, 매분, 매시간이 지나고 하루 이틀이 지나는 동안 거듭해서 극적인 변화가 일어났다. 수십만 년이 지나자 우리 우주의 온도는 수천 도까지 떨어졌다. 이 무렵에 전자는 핵과 결합하기 시작하면서 최초의 완전한 원자가 형성되었다.

느리지만 꾸준히, 물질 덩어리들은 중력의 영향을 받아 붕괴하기 시작했고, 이는 별과 은하의 형성으로 이어졌다. 우리 우주에 첫 번째 별들이 등장한 것은 빅뱅 후 약 2억 년이 지난 시점이라고 추정된다. 이 초기 별들은 오늘날 발견되는 별보다 훨씬 컸고 생애는 더 짧았다. 최근에야 이런 별들의 이미지를 찍을 수 있는 강력한 망원경들이 제작되어 가동을 앞두고 있다. 태양과 태양계는 상대적으로 뒤늦게, 빅뱅 후 약 92억 년이 지나서 우리 우주에 등장했다. 빅뱅 후 138억 년이 지난 오늘날에도 우리 우주는 계속해서 팽창하고 냉각되고 진화하고 있다. 우주의 과거를 돌아보면 여러 시대와 수많은 변화의 역사가 광대하게 펼쳐져 있다. 또한 우주의 먼 미래는 우리가 예상하는, 그리고 예상하지 못하는 새로운 시대로 이어질 것이다.

빅뱅에 관한 다큐멘터리를 시청하거나 강의를 듣거나 책을 읽은 적이 있다면, 앞서 몇 쪽에 걸쳐 설명한 내용과 비슷한 연대기를 접할 기회가 있었을 것이다. 우주의 역사 대부분에 걸쳐 기록된 사건들과 여러 시대가 실제로 일어났다고 확신할 만한 이유는 충분하다. 우리는 별과 은하의 형성을 직접 관측했고, 첫 번째 원자들이 형성되는 과정에서 방출된 빛을 높은 수준의 정밀성과 정확도로 측정했다. 우리 우주가 과거 수십억 년에 걸쳐 팽창했던 속도를 알아냈고, 빅뱅의 열기 안에서 만들어진 다양한 핵 원소들의 함량비도 확인했다. 이 모든 것을 종합해볼 때, 우리가 수집한 경험적 증거들은 우리 우주가 계산을 통해 예측한 내용과 매우 유사하게 진화해왔음을 명백하게 보여준다. 적어도 대부분의 우주 역사에 대해서는 그렇다.

그러나 돌이켜보면 우주 연대표는 사건의 전개 순서에 따라서 정렬되었을 뿐 아니라 우리가 가진 직접적인 지식의 측면에 따라 정렬된 것이기도 하다. 일반적으로 가장 먼 과거에 일어난 사건들, 즉 빅뱅 바로 직후에 일어난 사건들은 우리가 가장 많이 모르는 부분이기도 하다.

빅뱅 후 수십만 년부터 현재에 이르는 기간에 대해서는 신뢰할 만한 수준으로 수많은 관측과 측정이 수행되었고, 이렇게 축적된 데이터를 보면 우리가 우리 우주의 역사 일부를 아주 잘 이해하고 있다는 확신이 든다. 만일 이 연대표 중 일부가 틀렸다는 사실이 밝혀진다면, 나를 포함한 여러 우주론 학자는 그야말로 엄청난 충격을 받을 것이다. 우주의 사건들에 대해 현재 우리가 이해하는 내용을 뒷받침하는 증거들이 너무나도 다양하고 강력하기 때문이다. 이것이 틀렸다고 한다면, 미국 남북전쟁이 아예 일어나지 않았다거나, 크리스토퍼 콜럼버스Christopher Columbus가 사실은 12세기에 웨일즈에 상륙했고 1492년에 서인도 제도에 간 적이 없다고 밝혀지는 것과 비슷하다. 스스로 오류를 범할 가능성에 대해 마음을 열어두는 것은 좋은 일이지만, 합리적으로 실수를 따지기에는 증거가 너무 강력할 때도 있다.

그러나 우주 역사를 따라 더 멀리 거슬러 올라가다보면, 우리의 확신은 서서히 옅어지기 시작한다. 빅뱅 후 첫 몇 초부터 수십만 년까지는 상당히 강력한 증거들이 표준 연대표에서 설명하는 내용을 뒷받침하고 있다. 우리가 수행한 관측과 측정은 우리 우주의 팽창 속도 그리고 그 안에 포함된 물질과 에너지의 양이 계산의 예측 내용과 크게 다를 수 없음을 보여준다. 그렇기는 해도 우리가 모르는 중요한 우주론적 사건이 이 시기에 일어났을 가능성도 여전히 타당하다. 우리 우주의 최초 수십만 년에 대해 우리가 가진 정보는 중요한 의미가 있지만, 그렇다고 완전무결한 것은 아니다.

하지만 빅뱅 후 몇분의 1초부터 첫 몇 초 사이의 시간으로 거슬러 올라가면 불완전한 정보마저도 허락되지 않으며, 확신을 가지고 신뢰할 만한 직접적인 관측 방법이 아예 존재하지 않는다. 이 시기는 에너지, 거리, 시간이라는 겹겹의 막 아래에 파묻혀 우리의 시야에서 가려져 있으며, 우리에게는 아직까지 이 막을 뚫고 들어갈 능력이 없다. 우주의 역사 중 이 시기에 대해 우리가 이해하는 내용은, 여러 측면에서 볼 때, 추론과 추정을 바탕으로 한 추측 수준에 불과하다. 그럼에도 현재 직면한 가장 성가시고 끈질긴 수많은 우주 미스터리를 풀 열쇠가 이 최초의 순간에 있음은 분명하다. 이 시대를 이해하는 것이 우리 우주에 대한 이해의 핵심이다.

나는 이 책을 통해 독자들이 빅뱅을, 우리 우주의 첫 순간들을 살짝 엿보게 해주려 한다. 이 초기 우주 시대에 물질과 에너지는 오늘날 우리 우주에서 발견되는 것과는 완전히 다른 형태를 취했고, 아직 발견되지 못한 힘들에 영향을 받았을 수도 있다. 이때 우리가 아직 모르는 중요한 사건들과 전이가 일어났을 수도 있다. 물질은 지금과는 완전히 다른 방식으로 상호작용했을 것이고, 아예 시간과 공간 자체가 지금과 다르게 행동했을 것이다. 우리가 물리에 대해 아는 거의 모든 것이 이 최초의 순간에는 완전히 달랐을 수도 있다.

우주론은 어떤 기준으로 따져보더라도 그야말로 파란만장한 한 세기를 보냈다. 100여 년 전만 해도 우리 우주의 먼 과거나 기원 같은 것에 대해서는 전혀 알려진 바가 없었다. 그러나 시간과 공간을 바라보는 알베르트 아인슈타인Albert Einstein의 아이디어를 바탕으로 천문학자들은 우리 우주가 팽창하고 있다는 사실을 발견했고, 1960년대 말에 이르렀을 때는 수십억 년 전 우주가 빅뱅이라고 하는 뜨겁고 조밀한 상태에서 태어났다는 사실이 명백해졌다. 이로써 인간은 우주의 시작을 처음으로 이해하게 되었다.

그 후로 우주론 학자들은 우주의 첫 순간부터 현재까지 역사의 조각들을 맞춰왔다. 지난 수십 년간 높은 정확도로 다양한 측정을 수행했고, 그 결과들을 가지고 우리 우주의 과거를 완전히 새로운 방식으로, 전례 없이 세밀하게 재구성할 수 있었다. 우리 우주의 팽창률, 최초의 원자가 형성될 때 방출된 빛의 패턴, 공간 안의 은하와 은하단의 분포, 다양한 화학적 원소들의 함량비를 측정함으로써, 오래전 빅뱅 이론이 예측한 그대로 우주가 팽창하고 진화해왔음을 확인할 수 있었다. 우리 우주는 그 어느 때보다도 자신의 모습을 기꺼이 드러내 보여주는 것 같았다.

그러나 모든 것을 이해할 수 있는 것은 아니다. 상당한 노력을 기울였지만, 아직도 우주 역사의 핵심적인 부분, 특히 빅뱅 후 첫 몇 초와 몇분의 1초 사이의 순간에 대해서는 설명할 방법이 없다. 우리 우주의 탄생과 어린 시절에 대해서라면 여전히 모든 게 미스터리다.

그중에서 가장 유명한 것은 아마도 암흑물질의 미스터리일 것이다. 천문학자와 우주론 학자들은 우리 우주 안에 포함된 물질의 총량을 대단히 높은 정확도로 측정해왔으며, 그 결과 원자의 형태로 존재하는 양보다 훨씬 더 많다는 것을 알게 되었다. 수십 년에 걸친 측정과 토론 끝에, 과학자들은 현재 우리 우주의 물질 대부분은 원자처럼 잘 알려진 형태가 아니라 다른 형태를 띤 어떤 것으로 구성되어 있다는 확신을 얻었다. 이 알 수 없는 물질은 빛을 복사하거나 반사하지 않고 흡수하지도 않는 것 같다. 물리학자들은 지난 수십 년 동안 이 물질이 무엇이며 빅뱅 때 어떻게 형성되었는지 알아내기 위해 야심찬 실험 프로그램에 참여해왔다. 그러나 처음의 낙관론에도 불구하고, 우리는 여전히 암흑물질과 그 성질에 대해 전혀 알지 못한다. 실험은 계획대로 수행되었지만 아무런 결과도 얻을 수 없었다. 암흑물질은 한때 예상했던 것보다 훨씬 더 발견하기가 까다로운 것으로 결론이 났다.

"일반" 물질의 기원조차도 베일에 가려져 있다. 양성자, 중성자, 전자, 그리고 이들이 구성하는 원자가 형성되는 과정은 상대적으로 쉽게 이해된다. 그런데 이 과정에서는 반물질이라고 하는 기이한 입자들도 같은 양만큼 만들어진다. 그리고 물질 입자와 반물질 입자는 서로 접촉하는 순간 함께 소멸한다. 그렇다면 왜 우리 우주에는 물질이 이렇게 많은데 반물질은 조금밖에 없을까? 애초에 물질이라는 것은 어떻게 존재할 수 있었을까? 빅뱅의 뜨거운 열기 안에서 물질과 반물질이 같은 양만큼 만들어졌다면—현재 우리가 이해하는 물리에서는 그래야 한다고 설명한다—이미 오래전에 물질과 반물질은 거의 다 소멸했어야 하고, 우리 우주는 근본적으로 원자가 전혀 없는 상태였어야 맞다. 그럼에도 우리 주위는 원자들로 가득하다. 그렇다면 어찌되었든 우주의 역사 중 첫 몇분의 1초 동안 물질이 반물질보다 많이 만들어졌어야 한다. 이런 일이 언제, 어떻게 발생했는지, 또 어떤 메커니즘에 의해 일어났는지 우리는 모른다. 그러나 초기 우주의 조건들 가운데 어떤 것이 원자의 씨앗을—생명의 구성 요소를 포함하는 모든 화학 원소도—빅뱅의 뜨거운 열기 안에서 살아남을 수 있게 했다.

그보다 더 시간을 거슬러 가보면, 아마도 가장 흥미로운 단 하나의 미스터리에 도달하게 된다. 우주론 학자들은 지금 관찰하는 우리 우주를 이해하기 위해서는 극초기의 우주가 대단히 짧은 순간에 급속한 팽창을 거쳤어야 한다는 결론을 내릴 수밖에 없었다. 비록 이 급팽창의 시대가 수십조, 수백조분의 1초밖에 지속되지 않았다 하더라도, 이 시대는 우리 우주를 완전히 바꿔놓았다. 여러 의미로 볼 때 급팽창이 끝난 시점이 지금 우리가 사는 우주의 진정한 시작이라고 생각할 수 있다. 급팽창이 실제로 발생했다고 생각할 만한 뚜렷한 근거를 여럿 확인하긴 했으나, 우주론 학자들은 여전히 우주 역사에서 가장 핵심적인 극초기 시대에 대해 아는 것이 거의 없다.

1990년대에 우주론 학자들은 우리 우주의 기하 구조와 궁극의 운명을 알아낼 목적으로 비교적 최근의 우주 팽창 역사를 측정하기 위한 야심찬 프로그램에 착수했다. 처음 프로그램을 시작할 때는 우리 우주가 계속해서 영원히 팽창할지, 아니면 언젠가는 팽창을 멈추고 내부로 붕괴하기 시작할지 알아낼 수 있으리라고 생각했다. 이러한 측정은 결국 성공했지만, 데이터는 과학자들이 예상하지 못했던 뜻밖의 사실을 보여주었다. 우리 우주는 그냥 팽창만 하는 것이 아니라 '가속' 팽창을 하고 있었다. 이 사실을 설명하기 위해서, 우리 우주에는 암흑에너지라고 하는 것이 어마어마하게 많이 포함되어 있으며 이것이 공간 전체를 가득 채우고 공간을 밀어내고 있다는 결론을 내려야만 했다. 그러나 이 현상을 이해하려는 노력은 허사로 끝나고 말았다. 우리는 암흑에너지가 무엇인지, 그것이 왜 우리 우주에 존재하는지 알지 못한다.

이런 문제들은 빅뱅 후 최초의 순간과 밀접한 관계가 있다. 암흑물질이 무엇으로 이루어졌는지는 모르지만, 그것이 빅뱅 후 최초 몇분의 1초 안에 형성되었다는 점은 거의 확실하다. 마찬가지로 우리 우주에 원자가 존재한다는 단순한 사실을 통해 우주의 역사 초창기에 아직은 우리가 알지 못하는 사건과 상호작용이 발생했다는 것을 알 수 있다. 우주 급팽창은 이 최초의 시간에 발생했고, 급팽창과 암흑에너지의 연관성은 그 자체로 수많은 문제를 제기한다. 여러 측면에서 볼 때, 우리 우주의 가장 거대한 미스터리는 이 첫 순간과 단단히 연결되어 있다.

최근에 과학자들은 이제까지 우리 우주의 첫 순간을 감춘 장막을 걷어버리겠다는 희망을 안고 새로운 관측 장비를 건설하고 실험을 수행했다. 측정과 관측은 인상적이었다. 하지만 결과를 봐서는 20년 전보다 더 난감한 처지에 놓였을 뿐이다. 한때는 그저 사소한 문제 몇 가지만 말끔히 해결하면

될 것이라 생각했지만, 우주에 대한 관측의 정확도가 높아질수록 문제는 더욱 심화되었고, 심지어 아예 새로운 문제들이 튀어나오기도 했다. 현재로서는 우주에 대해 더 많이 알아갈수록 우리가 이해할 수 있는 내용은 더 적어지는 것 같다.

입자물리학자와 우주론 학자들은 지금까지의 그 어떤 실험 또는 관측 프로그램보다도 입자 가속기 실험에 큰 기대를 걸고 있다. 현재 가동되는 가속기 중 가장 유명한 것은 아마도 제네바에 있는 거대 강입자 충돌기Large Hadron Collider, LHC일 것이다. 이 놀라운 기계는 입자 빔을—특히 양성자나 전자 빔을—최대한 빠른 속도까지 가속해서 입자를 서로 충돌시킨다. 양성자들이 충돌하면 전자와 빛알광자, photon에서부터 힉스 보손과 꼭대기 쿼크까지, 알려진 입자종들은 모두 만들어질 수 있다. 초기 우주에서는 이런 유의 상호작용들이 꾸준히 일어나 공간 전체가 아원자 입자•들로 채워졌고, 입자들은 서로 상호작용을 하며 생성과 소멸을 반복했다. LHC에서 이런 과정들을 연구하면서, 우리는 현재뿐만 아니라 빅뱅 후 1분, 1초, 100만분의 1초, 심지어 1조분의 1초가 지난 순간에 물질과 에너지가 어떤 식으로 행동하는지 알게 되었다.

사람들은 LHC의 화려한 등장과 함께 우리 우주 그리고

• 전자, 양성자, 중성자 등 원자를 구성하는 입자를 통틀어 이르는 말. —옮긴이

우주의 기원을 더 깊이 이해할 수 있으리라 기대했고, 이를 통해 혼란스러운 의문들을 해결할 수 있으리라 믿었다. 그러나 2010년 첫 가동을 시작한 이래로, LHC에서 거둔 결과들은 많은 면에서 우리를 더 혼란스럽게 만들었다. 이 기계는 힉스 보손이라는 예외적인 성과 말고는 그동안 기대했던 새로운 입자나 현상을 아직까지 전혀 발견하지 못하고 있다. LHC 이전부터 우주론 학자들이 고민했던 문제들은 여전히 그 자리에 굳건히 버티고 서 있다. 한때 이런 문제들을 해결할 것이라고 여겼던 답들 가운데 상당수는 전혀 답이 아닌 것으로 밝혀졌다.

아직도 미궁 속에 고집스럽게 숨어 있는 암흑물질을 예로 들어보자. 지난 수십 년간 진행된 실험을 통해 이 물질의 구성 요소로 가능성 있는 후보들을 상당수 배제해야 했고, 이에 따라 암흑물질은 점점 더 당혹스러운 문제가 되었다. 우주론 학자들은 실험 결과를 고려해 선호하던 이론들을 포기해야 했고, 암흑물질이 무엇인지, 빅뱅 후 첫 순간에 어떻게 형성될 수 있었는지 처음부터 근본적으로 다시 고민해야 했다.

이 같은 상황에서, 나는 현재 우주론이 어디까지 와 있는지 곰곰이 생각하게 되었다. 우리는 놀랍도록 아름답고 성공적인 이론들을 세웠다. 그러나 우리 우주의 두드러진 수많은 특징을 설명하는 데 있어 완전한 실패까지는 아니어도 상당히 힘겨운 시간을 보내고 있다. 원자의 기원과 우주 급팽창의 미스터리부터 암흑물질과 암흑에너지의 본질에 이르기까지, 우리 우주와 그 시초를 이해하는 방식에서 핵심 요소를 놓치고 있다는 점은 분명하다.

이제 생각해볼 때가 되었다. 우리 우주 그리고 우주의 기원을 이해하는 문제에서 그간 놀라운 발전이 있었다. 여기에는 이론의 여지가 없다. 그러나 이러한 발전에도 불구하고, 무수히 많은 거대한 의문과 성가신 문제에 직면해 있다는 사실도 부인할 수 없다. 아마도 이런 문제들은 그저 몇 가지 '사소한 문제'일 뿐이고, 앞으로 있을 새로운 실험과 관측을 통해 멋지게 해결될 수 있을지도 모른다. 그러나 최근에 나는 이러한 문제들이 '사소한 문제'들을 더 많이 이끌어내지 않을까 하는 의구심이 든다. 어쩌면 우리가 세상을 바라보는 렌즈 자체에 더 심각한 문제가 있고, 지금의 모든 문제가 여기에서 비롯된 증상인지도 모르겠다.

이 책을 통해, 나는 독자들이 우리 우주의 첫 순간들로 여행을 떠나도록 안내할 것이다. 시간과 공간의 본질에 대한 아인슈타인의 혁명적인 깨달음에서 출발해, 이 아이디어가 어떤 과정을 거쳐 우주가 탄생한 뜨겁고 조밀한 상태인 빅뱅의 발견으로 이어졌는지 살펴볼 것이다. 또한 망원경부터 입자 가속기까지 다양한 장비를 사용해 우리 우주의 초기 역사를 탐구해온 과정도 최선을 다해 설명할 것이다. 이를 바탕으로, 우리 우주의 첫 몇분의 1초를 어수선하게 만드는 퍼즐과 미스터리, 미해결된 문제들을 집중적으로 조명할 것이다. 우리 우주에는 어쩌다 그렇게 많은 물질과 그렇게 적은 반물질이 있게 되었을까? 암흑물질은 어떻게 형성될 수 있었을까? 우리 우주는 어떻게, 왜 짧은 시기의 급속한 팽창을 경험하게 되었을까? 그리고 이것은 우리 우주가 오늘날 다시 한번 가속 팽창하고 있다는 사실과 연관이 있을까?

깔끔한 결말로 마무리되는 이야기를 원했다면 책을 잘못 고르셨다. 이 책은 우리가 현재 이해하고 있는 것들에 대한 책이자, 아직 해결되지도 않고 답도 없는 문제들에 관한 책이다. 그러나 오늘의 미스터리는 내일의 발견으로 이어진다. 새로운 데이터, 관측 기술, 아이디어로 무장한 우리는 수많은 복잡한 문제에 빛을 비출 준비 태세를 갖추고 있다. 이러한 새로운 발전과 더불어, 우리는 그 어느 때보다도 더욱 깊고 명료하게 과거를 들여다볼 것이다. 시간의 가장자리에 더 가까이 다가서는 것이다.

2장

아인슈타인의 세계관 속으로

우리가 경험할 수 있는 가장 아름다운 것은 신비로움이다.
신비로움은 모든 진정한 예술과 과학의 근원이다.
이런 감정이 낯설고, 이런 경이에 걸음을 멈추고 경탄하며 몰입할 수 없는 사람은 죽은 것이나 마찬가지다. 그의 눈은 굳게 감겨 있다.

—알베르트 아인슈타인

우리 우주는 어떻게 시작되었을까? 우주의 어린 시절은 어땠을까?시간의 흐름에 따라 우주는 어떻게 변화하고 진화했을까? 미래에는 어떻게 바뀔까? 이런 것들이 우주론의 심장부에 있는 의문들이다.

오늘날 우리가 우리 우주와 그 역사에 대해 알고 있는 것들을 고려하면, 100여 년 전만 해도 우주론이라고 부를 만한 것이 전혀 없었다는 사실은 상당히 놀랍다. 20세기 초에는 우주의 기원이나 먼 과거가 궁금하더라도 여기에 대해 물어볼 사람이 신학자밖에 없었다. 과학은 이런 주제에 대해 알지 못했고, 아무것도 모른다고 스스로 주장하기도 했다. 당시 사람들은 과학은 절대 이런 문제를 다룰 능력이 없다고 믿었다. 이성을 가진 사람이라면 오늘날 이런 주장은 하지 않을 것이다.

20세기 동안 이루어진 수많은 과학자와 천문학자가 수행한 연구를 통해 우리는 빅뱅이라고 불리는 대단히 뜨겁고 조밀한 상태의 우주와, 오늘날 이 세상을 구성하는 아원자 입자, 원자핵, 원자들의 형성 과정에 이르기까지 138억 년에 걸친 우주의 역사를 자세히 들여다볼 수 있게 되었다. 현대의 우주론 학자들은 은하와 별, 행성이 형성된 과정과 원인을 이해한다. 그리고 빅뱅 후 몇 초가 지난 극초기 우주의 모습도 높은 신뢰도로 설명할 수 있다. 예전에 이 세상을 살다 간 선조들과는 달리, 우리는 밤하늘을 올려다보며 지금 무엇을 보고 있는지 정확히 안다. 그리고 아직 알아야 할 것이 많기는 해도, 우리 우주의 과거 그리고 지금의 우주로 자리 잡게 된 과정에 대해 상당히 많은 것을 알고 있다. 과거에는 인간이 그런 것을 알 수 있다는 사실 자체가 상상도 되지 않았을 테지만, 오늘날 인터넷으로 연결된 세상을 사는 사람이라면 누구나 거의 무제한으로 이런 사실들을 접할 수 있다.

무엇이 우리 우주의 기원에 대한 무지에 종지부를 찍고, 우주의 본질과 물리적 역사를 과학적으로 이해하고 높은 신뢰도로 설명할 수 있게 했는가? 일부는 기술 발달의 공으로 돌려야 할 것이다. 100여 년 전에 사용하던 망원경은 한계가 있었고, 훗날 관측 우주론을 가능하게 한 여러 가지 것을 관측할 수가 없었다. 그 밖의 핵심적인 장비들, 이를테면 입자 가속기 같은 것은 아직 발명되지 않았다. 그러나 우리 우주의 비밀을 탐구하고 조사하는 것을 가로막는, 좀 더 근본적인 것이 더 있었다. 사실 20세기가 막 시작될 무렵의 물리학자들은 우리 우주의 변화나 진화, 기원을 생각할 만큼 에너지, 물질, 공간, 시간의 기본적인 성질을 충분히 이해하지 못했다. 우리 우주의 기원에 대해 답할 수 있기 전에—아니면 질문을 던질 수 있게 되기 전에—지금보다 더 새롭고 탄탄한 기반을 쌓아야 했다. 우리는 아인슈타인의 상대성이론을 기다리고 있었다.

200년이 넘도록 우리는 아이작 뉴턴Isac Newton의 연구와 아이디어를 바탕으로 물질 세계를 이해했다. 뉴턴의 걸작 『프린키피아*Principia*』가 세상에 나온 1687년부터 20세기가 시작될 때까지, 물리학자들은 열, 전기, 자기, 빛과 같은 여러 분야를 발전시키고 있었다. 그러나 이런 현상들을 바라보는 과학자들의 사고방식은 근본적으로 여전히 뉴턴식 관점에 묶여 있었다. 운동, 힘, 운동량에 관한 뉴턴의 아이디어들은 계속해서 등장하는 문제들을 성공적으로 해결했다. 물리 현상을 설명하는 데 있어 뉴턴의 원칙들은 한계가 없는 것 같았다. 새로운 세대의 과학자들은 새로운 퍼즐을 계속해서 풀어나갔지만, 그 바탕에는 먼 옛날 우주를 바라보던 뉴턴의 관점이 그대로 자리 잡고 있었다.

철학자 토머스 쿤Thomas Kuhn은 과학이 점진적으로 꾸준히, 단계적으로 발전하는 것이 아니라 패러다임의 전환이라고 하는 극적인 변화를 통해 발전한다는 유명한 주장을 내놓았다. 이런 대격변을 겪는 과학계에는 새로운 사실만 유입되는 것이 아니다. 완전히 새로운 세계관이 장악하고, 하나의 주제에 대한 낡은 사고방식은 구닥다리로 물러나게 된다. 옛 세계관 안에 단단히 갇혀 있는 보수적인 사람들에게, 패러다임의 전환은 이해하기 어렵고 심지어 터무니없어 보일 수도 있다. 예를 들어 1920년으로 넘어가던 무렵, 물리학자들은 빛이 파동인지 입자인지를 놓고 활발히 토론했다. 뉴턴의 세계관 안에서는 두 가설 모두 완벽히 성립했다. 그러나 과학자들은 빛이 입자의 형태—빛알—를 띠는 동시에 파동일 수도 있다는 사실은 상상조차 하지 못했다. 기존의 패러다임 안에서 파동은 사물의 집합으로 구성되어 있었다. 하나의 사물이 입자인 동시에 파동일 가능성을 따지다 보면 이상하고 직관적이지도 않은 결론들로 이어졌는데, 이런 결론들은 양자역학이라고 하는 패러다임의 전환 이전에는 상상조차 할 수 없는 것이었다. 빛이 입자로 구성되었는가 아니면 파동인가를 묻는 문제에 대한 답은 위의 두 가설 중 어느 것도 아니며, 동시에 둘 다 참인 것으로 밝혀진다. 옛 사고의 관점에서 보면 새로운 패러다임은 터무니없고 완전히 말도 안 되는 것처럼 보일 수 있다. 마치 밥 딜런Bob Dylan의 노래처럼 말이다. "태양은 노랗지 않아, 그건 닭이지The sun's not yellow, it's chicken."• 이것을 이해하려면 단어가 가진 표면적 의미를 모두 잊어버리고, 그런 다음 관련된 개념만을 새로운 방식으로 이해해야 한다.

상대성이론의 등장은 완벽한 패러다임의 전환이었고, 과학의 역사에서 가장 의미심장한 사건 가운데 하나였다. 아인슈타인 이전의 물리학자들은 근본적으로 뉴턴의 세계관 안에 갇혀 세상을 생각할 수밖에 없었다. 그리고 오랫동안 버텨온 이 세계관이 강력하다는 것은 부인할 수 없지만, 동시에 현실적인 한계도 있었다. 한 가지를 예로 들면, 뉴턴이 세운 세계관 안에서는 우주론의 의문들을 다룰 방법이 없었다. 뉴턴의 관점에서는 우주의 크기나 모양이 어떻게 시간에 따라 변화하는지, 또는 공간이나 시간이 어떻게 시작되었는지 묻는 것이 아예 의미가 없었다. 뉴턴이 제시한 체계 안에서 우주론은 설 자리가 없었다.

• 영어에서 yellow와 chicken은 모두 '겁쟁이'라는 뜻을 담고 있다. —옮긴이

아인슈타인이 도입한 상대성이론은 그때까지 물리학자들이 안다고 생각했던 대부분을 무너뜨리고 해체했다. 먼지가 가라앉자, 뉴턴 물리학이 있던 자리는 굉장히 다른 어떤 것이 차지했다. 우리 우주와 물리 법칙을 설명하는, 완전히 새롭고 아름다운 사고방식이었다. 지금 우리가 시간과 공간에 대해 알고 있는 것은 거의 모두 아인슈타인의 덕이라고 해도 결코 과장이 아니다.

지금 이 세상을 살아가는 우리에게 시간과 공간은 존재의 중심이다. 우리는 공간의 범위—높이, 길이, 폭—안에서 사물을 생각하고 공간 안의 위치를 파악한다. 그리고 우리의 관점에서 볼 때 사건은 시간의 한 순간을 점유하여 발생한다. 사물의 변화는 시간의 흐름에 따라 공간 안을 움직일 때, 또는 고정된 한 순간에 이것에서 저것으로 변환할 때에만 파악된다. 시간과 공간은 우리가 사는 세상의 핵심이며, 인간의 생각이 쌓일 수 있는 기반이다.

유아는 신경 발달 과정에서 선, 모서리, 도형 같은 기하학적 패턴을 알아보는 인지능력을 가장 먼저 발달시킨다. 생물학적으로 그렇게 굳어진 탓에, 인간은 시간과 공간 개념을 바탕으로 하지 않은 실체를 상상조차 못 하는 경향이 있다. 이 세상에 존재하는 것은 모두 암묵적으로 시간과 공간의 존재에 의존하고 있는 것 같다. 이런 구조가 없으면 우리의 상상력은 제한을 받고 무력해진다. 우리 인간 생각으로는, 무엇이 존재한다는 것은 시간과 공간 안에 존재하는 것이다.

따라서 물리학이 항상 시간과 공간 개념을 바탕에 깔고 있었다는 사실은 어쩌면 그리 놀랍지 않다. 아리스토텔레스, 갈릴레오, 또는 뉴턴의 관점에서 볼 때, 물리 법칙은 기본적으로 공간 안에 있는 사물의 위치가 시간과 더불어 어떻게 변화하는지 밝히는 법칙일 뿐이다. 물리 법칙은 운동의 법칙이다. 시간과 공간이 없으면 어떤 것이 움직인다는 게 무슨 의미인지, 또는 어떤 것이 다른 어떤 것에 다가가거나 멀어진다는 게 무슨 의미인지 이해할 방법이 없다. 시간의 개념이 없으면 어떤 일이 일어난다는 의미 자체가 아예 성립되지 않는다. 심지어 에너지의 개념도 시간과 공간 위에 쌓아놓은 것인데, 에너지라는 것이 결국 운동, 또는 운동의 퍼텐셜 이상은 아니기 때문이다. 시간과 공간이 없으면 아무것도 변화할 수 없고, 변화가 없으면 상상해볼 만한 그 어떤 실체도 상상하기가 어렵다. 시간이 없으면 아무 일도 일어나지 않는다. 공간이 없으면 아무것도 없다.

우리가 경험하는 일상의 범위 안에서 공간은 상대적으로 단순하며, 공간을 이해하는 데 필요한 것은 고등학교 기하학 시간에 모두 배운다. 시간은 그보다는 좀 더 미묘하지만, 여전히 상대적으로 간단한 방식으로 시간을 인식한다. 그러나 20세기의 물리학자들은 시간과 공간이 그렇게 단순하지도 간단하지도 않다는 것을 깨달았다. 아리스토텔레스, 갈릴레오, 뉴턴과는 달리, 이제 우리는 시간과 공간이 변화하고 진화할 수 있으며, 모양을 갖추고 늘어나고 변형될 수 있다고 이해한다. 시간과 공간은 팽창하고, 수축하고, 휘감기고, 꼬이고, 끊어지고, 휘고, 부풀고, 심지어 존재 자체를 시작하거나 멈출 수도 있다. 뉴턴과 갈릴레오는 공간이나 시간을 설명하는 데 이런 어휘를 사용할 수 있다는 것을 상상조차 못했을 것이다. 그러나 우주론은 바로 이처럼 동적이고 살아 움직이는 시간과 공간의 특성 위에 세워졌다.

광활하고 별 특징이 없는 표면 위를 걷는다고 상상해보자. 그러다 차 열쇠가 꽂혀 있는 뉴턴의 차를 우연히 발견한다. (뉴턴의 차라고 알 수 있는 것은 후드 위에 사과 모양 장식이 달려 있기 때문이라고 하자.) 당신은 차에 올라타고 주행기록계가 1킬로미터를 가리킬 때까지 차를 몬다. 1킬로미터 지점에 도달하면 오른쪽으로 90도를 틀어 다시 1킬로미터를 더 가고, 또 오른쪽으로 90도를 꺾어 1킬로미터를 달린다. 이렇게 해서 완전한 정사각형 모양을 그리면 차를 멈춘다. 차에서 내리면, 당신이 처음 차에 올라탈 때 남겼던 발자국이 땅에 찍혀 있는 것을 보게 될 것이다. 처음에 예상했던 대로, 당신은 처음 출발한 그 지점으로 정확히 돌아온 것이다.

뉴턴의 차는 직관적으로 그럴 것이라고 예상한 그대로 행동한다. 더 구체적으로 말하자면 이 차는 수학자들과 물리학자들이 유클리드 공간이라고 부르는 공간을 가로질러 움직인다. 고대 그리스 철학자 유클리드의 이름을 따 유클리드 공간이라 부르는 이 공간은 공리axiom 또는 공준postulate이라고 하는 다섯 가지 기본 법칙을 따른다. 이 공준들은 반박할 여지가 전혀 없이 완벽해 보이는 명제들로 구성되어 있다. 예를 들어 공간 안의 두 점은 하나의 직선에 의해 연결될 수 있고, 모든 직각은 서로 동일하며, 주어진 하나의 직선에 대하여 공간 안의 임의의 한 점을 지나는 동시에 이 선과 평행한 직선은 오직 하나뿐이라는 식이다. 특히 이 마지막 공리는 평행선이 서로 절대로 만날 수 없다고 암시한다. 고등학교 기하학 시간에 학생들은 이런 공리들이 부정할 수 없는 사실이라고 배운다. 실제로 공리들은 누가 봐도 명백히 옳은 것처럼 보이고, 그중에 틀린 내용이 있을 수도 있다고 상상하기란 꽤 어려울 것이다. 이런 관점에서 볼 때, 뉴턴의 차는 움직일 수 있는 유일한 방식으로 움직인다.

19세기까지 유클리드의 공리들은 자명하고 부인할 수 없는 사실로서 널리 받아들여졌다. 독일 철학자 이마누엘 칸트

Immanuel Kant는 인식론, 즉 어떤 것의 참과 거짓을 어떻게 밝힐 수 있는지 연구한 사람으로 유명하다. 칸트는 이 세상을 연구하거나 관찰할 기회를 갖지 않고도 오로지 순수하게 사고와 이성만을 사용하여 우리의 시간과 공간에 대한 개념에 도달할 수 있다고 주장하기에 이르렀다. 다시 말해, 칸트는 기하를 보는 유클리드의 관점이 논리만으로도 성립할 수 있으며, 적어도 인간이 공간을 개념화할 수 있는 유일한 방법이라고 믿었다.

그러나 19세기 전반 수학자들은 유클리드 체계의 한계를 넘어 상상력의 범위를 넓히기 시작했다. 특히 보여이 야노시Bolyai János, 니콜라이 이바노비치 로바체프스키Nikolaj Ivanovich Lobachevskii, 베른하르트 리만Bernhard Riemann을 포함한 수학자들은 유클리드의 평행선에 관한 다섯 번째 공준이 성립하지 않으면서도 자기모순이 없는 기하학적 기틀을 개발하기에 이르렀다. 이 새로운 "쌍곡선"과 "타원" 기하학 안에서는 두 평행선이 평행한 상태일 필요가 없다. 그 대신 공간 안의 한 점에서 서로 평행한 두 직선은 계속 무한히 뻗어나가다 보면 서로 만나거나 무한히 멀어질 수 있다. 이러한 기하학적 체계 안에서는 삼각형의 내각의 합이 180도보다 크거나 작을 수 있고 원주와 지름의 비율은 반드시 π일 필요가 없다. 이러한 비-유클리드 체계 안에서는 고등학교 기하학 시간에 배운 내용 가운데 상당 부분이 참이 아닌 것으로 밝혀진다.

그러나 수학자가 기묘한 기하 체계를 성립시킬 수 있다고 해서 그것이 물리학적 의미로 참이라는 뜻은 아니다. 그렇다. 우리가 사는 물질 세계를 이해하는 데 수학이 대단히 큰 도움이 되었음은 분명하지만, 수학적 가능성들이 모두 다 자연에서 반드시 현실로 존재하는 것은 아니다. 기이한 기하학 법칙이 성립하는 세상을 합리적으로 상상해볼 수는 있겠지만, 그렇다고 그 기이한 법칙이 우리 세상 안에서 꼭 지켜진다는 의미는 아니다. 수학자들은 논리의 지배만을 따라서 유클리드의 다섯 번째 공준이 꼭 참이 아닐 수도 있다는 것을 입증했다. 그것이 우리가 사는 물질 세계에서 실제로 참이냐 아니냐 하는 것은 아직 열린 문제로 남아 있다.

이런 기이한 기하학의 새로운 체계에 자극을 받은 몇몇 수학자와 물리학자는 그것이 물질 세계와 관계가 있을지 고민하기 시작했다. 그러나 그런 이는 소수에 그쳤고, 대부분의 물리학자는 이 기묘한 기하학을 진지하게 받아들이지 않았다. 그러다가 아인슈타인이 등장했고, 아인슈타인은 이 기묘한 기하학을 중심으로 일반상대성이론을 쌓아올리기 시작했다.

다시 한번, 광활하고 별 특징이 없는 표면 위에 있는 자동

차를 향해 걸어간다고 상상해보자. 그러나 이번에 보이는 차의 후드 위에는 사과 모양 장식이 없다. 이 차는 뉴턴의 차가 아니고, 이 차를 운전하는 것이 대단히 색다른 경험이 될 것이라는 예감이 든다. 운전석에 앉고 보니 조수석에 독특하게 생긴 남자가 앉아 있다. 당신은 순간 염려가 된다. 남자가 피우는 파이프의 불씨가 길고 헝클어진 그의 머리카락에 불을 붙이지나 않을까 하는 생각이 들기 때문이다. 남자가 강한 독일식 억양으로 당신에게 말을 건다. "내 차에 잘 타셨습니다. 이제 출발합시다."

전에 뉴턴의 차를 운전했을 때처럼, 당신은 차를 출발시키고 주행기록계가 1킬로미터를 알릴 때마다 방향을 틀어 정사각형을 그린다. 그러나 옆자리에 앉은 독특한 남자가 자꾸 신경이 쓰여서, 당신은 운전하는 내내 계속해서 속도를 높이고 있다. 4킬로미터의 운전을 끝내고, 당신은 차에서 내린다. 그리고 정확히 당신이 출발했던 지점이 아니라는 사실을 깨닫고 놀란다. 순간적으로 차의 주행기록계가 고장이 났나 싶지만, 남자는 자동차가 완벽하게 정상적으로 작동한다고 알려준다. "내 차에는 아무 문제가 없습니다." 그는 확신을 가지고 말한다. "아마 당신이 운전해온 세상이 생각처럼 그렇게 단순하지 않은 모양이지요."

아인슈타인의 차를 몰고 질량이 크거나 에너지를 많이 포함한 물체—이를테면 별이나 행성—근처를 지나갈 때는 상황이 한층 더 희한해진다. 그런 에너지가 있는 곳에서는 아무리 반듯한 경로로 운전하려 해도 자동차는 사정없이 물체를 향해 당겨진다. 공간의 모양 자체가 휘어져 있는 것이다.

왜 이런 일이 벌어지는지 이해하려면, 유클리드의 다섯 번째 공준으로 돌아가 생각해봐야 한다. 임의의 직선에 대하여 공간 안에 주어진 한 점을 지나는 평행선은 정확히 하나뿐이라는 공준 말이다. 아인슈타인의 걸작인 일반상대성이론의 기하학적 기틀 안에서는 이 공리가 참이 아니다. 그리고 이 공리에 의존하지 않으면 직선이라는 개념 자체가 우리가 직관으로 예상하는 것과 완전히 달라진다. 공간을 가로지르는 직선이 호弧를 그릴 수 있다고 하면 무척이나 이상하게 들리겠지만, 사실 직선을 정의하는 방법이 단 하나만 있는 것은 아니다. 직선을 정의하는 또 다른 방법은 공간 안의 두 점 사이를 잇는 가장 짧은 경로라고 정의하는 것이다. 유클리드 공간에서는 두 점 사이를 잇는 가장 짧은 경로는 언제나 한눈에 봐도 평범한 직선이다. 그러나 질량이나 에너지가 일정 영역 안에서 공간의 모양을 바꿔놓는다면, 두 점 사이의 가장 짧은 경로가 우리 눈에 전혀 반듯해 보이지 않을 수도 있다. 아인슈타인은 공간을 가로지르는 직선이 질량이나 에너지의 존재에 의해 휘어질 수도 있다는 것을 가르쳐주었다.

뉴턴의 운동 법칙에 따르면, 사물은 외부로부터 영향을 받지 않으면 같은 방향을 유지하며 같은 속도로 직선 경로를 따라 계속해서 움직인다. 아인슈타인의 관점에서 보아도 이 명제는 여전히 참이다. 그러나 아인슈타인이 정의한 직선 개념이 뉴턴의 것과 같지 않다. 질량이나 에너지가 주위 공간의 모양을 휘게 했다면, 그 공간 안의 직선들도 함께 휜다. 아인슈타인의 차를 몰고 물체가 휘어놓은 공간 안을 달리면, 그 차가 그리는 궤적은 물체가 있는 방향을 향해 휘고, 이는 자동차가 물체 쪽으로 당겨지는 것처럼 보인다. 이러한 시간과 공간의 휨이 인력引力처럼, 마치 중력처럼 작용하는 것이다. 사실 이것이 중력의 새로운 정의이기도 하다.

아인슈타인은 이러한 관련성을 가지고 중력이 단순한 힘이 아니라 시간과 공간의 기하의 발현이라는 것을 보여주었다. 질량 또는 에너지는 그 존재로서 공간의 모양 자체를 휘게 하거나 뒤틀어 바꾸어버린다. 이렇게 변형된 공간 안에서 사물은 뉴턴의 중력 법칙에 따라 오랫동안 예측해온 방식과 거의 동일하게 움직인다. 사실 아인슈타인이 질량과 에너지에 의한 공간의 휨 또는 뒤틀림으로 설명한 내용은 과거 수백 년 동안 우리가 중력으로 알고 있던 바로 그 현상이었다.

1915년에 아인슈타인은 일생일대의 걸작인 일반상대성이론을 완성했다. 중력 현상을 단순한 힘이 아닌 기하의 결과로 설명함으로써, 아인슈타인은 수백 년에 걸쳐 수립된 물리학을 근본부터 뒤집었다. 많은 물리학자가 이 이론의 심오한 아름다움과 수학적 우아함을 높이 샀지만, 이 이론의 가장 위대한 가치는 그것이 사실이라는 것이다. 다시 말해 일반상대성이론에서 예측한 내용이 관측과 정확히 잘 부합한다는 뜻이다. 지금까지 일반상대성이론의 예측과 충돌하는 실험이나 테스트는 발견된 것이 없다. 언젠가 아인슈타인의 이론이 맞지 않는 상황을 발견할 수도 있겠지만, 지금까지 그런 일은 일어나지 않았다.

대부분의 조건에서, 아인슈타인의 이론은 사물이 뉴턴의 중력 법칙이 예측하는 내용과 정확히 동일한 방식으로 움직일 것이라 예측한다. 뉴턴의 이론에서 제시하는 예측들이 꽤 많은 부분에서 정확하다는 점을 고려하면 이것은 당연히 좋은 소식이다. 그러나 몇 가지 예외가 있다. 예를 들어 뉴턴의 중력 이론에서는 수성의 궤도가 천문학자들의 실제 관측과 약간 다를 것이라고 예측한다. 여기에서 뉴턴의 예측은 틀렸고, 일반상대성이론의 예측은 정확하게 맞았다. 아인슈타인의 이론에서는 빛이 무거운 물체 옆을 지나갈 때 경로가 어떻게 바뀌는지, 어느 정도나 휘는지 정확하게 예측한다.—이 예측은 1919년 개기일식 때 관측에 의해 최초로 검증된 것으로 유명하다. 최근에는 수많은 과학자가 수행한 높은 정밀도의 측정을 통해 일반상대성이론의 여러 효과를 목격해 왔다. 우리가 흔히 쓰는 위성항법시스템Global Positioning System, GPS도 일반상대성이론의 효과를 고려하지 않으면 제대로 작동하지 않는다. GPS가 제 기능을 하려면 GPS 위성과 약 20나노초의 정확도 범위 안에서 동기화해야 한다. 그러나 일반상대성이론에 따르면 위성에서의 시간은 지구 표면의 시간과 살짝 다르게 흐르는데, 이 차이는 지구의 중력과 그에 해당하는 공간 곡률에 의한 것이다. 일반상대성이론을 계산에 반영하지 않으면 GPS 시스템은 1킬로미터 이내의 위치를 계측하는 데에도 문제가 생길 수 있다. 이미 우리는 그보다 훨씬 짧은 수 미터 정도의 정확도에 익숙해져 있다.

아인슈타인의 이론으로 이러한 예측을 하려면 아인슈타인의 장방정식이라고 하는 것을 풀어야 한다. 이 방정식들은 다루기는 꽤 까다로워도 개념은 상대적으로 간단하다. 핵심만 말하자면, 이 방정식이 말하는 것은 두 가지, 즉 공간 내 에너지의 분포, 그리고 시간과 공간의 기하다. 이 두 가지 중 하나를 알면—적어도 원칙적으로는—다른 것이 무엇인지 알아낼 수 있다.

그래서 질량과 에너지가 공간 안에 분포한 방식을 알면 아인슈타인의 방정식을 사용해 해당 공간의 기하를 알아낼 수 있다. 그리고 그 기하로부터 그 공간을 통과하는 사물의 움직임을 계산할 수 있다. 공간이 평평할 때—곡률이 0인 상태—사물은 우리가 직관적으로 직선이라고 생각하는 선을 따라 움직인다. 그러나 막대한 양의 에너지 근처에서는 시간과 공간이 휘어지고, 사물은 휘어진 경로를 따라 공간을 이동한다. 지구가 타원 궤도를 따라 태양 주위를 도는 것은 중력이 잡아당기기 때문이 아니다. 그게 아니라, 태양이 질량 형태로 가진 에너지가 태양계 전반의 공간의 기하를 휘게 만들고, 지구는 단지 지구가 따를 수 있는 가장 반듯한 경로를 따라 공간 안을 움직이는 것인데, 그 경로가 어쩌다보니 타원 형태의 궤도인 것이다. 이 에너지는 존재 자체로 주위의 시간과 공간을 휘어놓았다. 이런 관점에서 보면 중력은 실제 힘이 아니라, 시간과 공간의 기하가 낳은 직접적인 결과물이다.

아인슈타인이 1915년 일반상대성이론을 발표했을 당시에는 딱히 우주를 고려하지는 않았던 것 같다. 우리가 아는 한에서는, 아인슈타인은 자신의 이론이 우리 우주의 과거와 미래, 그리고 그 기원에 대해 무엇이든 말해줄 수 있으리라고는 상상하지 못했다. 그러나 일반상대성이론의 방정식들은 질량과 에너지의 존재에 시간과 공간이 어떻게 반응하는지 예측하는 데 사용될 수 있다. 이 말은 우리 우주에 무엇이 얼마만큼 담겨 있는지 알면, 이 방정식을 사용해 우리 우주의 기하를 알아낼 수 있으며, 이를 통해 우주가 시간과 더불어 어떻게 진화하고 변화할지 예측할 수 있다는 의미다.

겨우 2년 남짓한 시간에, 아인슈타인의 이론은 우리 우주 안에서 사물이 어떻게, 왜 움직이는지 설명하는 것을 넘어 그 이상을 밝힐 수 있다는 것이 명백해졌다. 또한 우리 우주 자체를 이해할 새롭고 강력한 방법을 제시해주었다.

3장

우주의 모양이 변하고 있다!

과학의 역사를 통틀어 이렇게 새로운 이론과 가설이

연거푸 태어나고 성장하고 폐기된 때는

지난 15~20년 말고는 없었다.

— 빌렘 드 시터(1931)

1916년 후반에, 아인슈타인은 일반상대성이론의 새로운 응용을 고민하기 시작했다. 이론을 발표한 논문의 잉크가 채 마르기도 전이었지만, 방정식을 행성의 궤도나 빛의 휘어짐에만 적용하는 것에 더는 만족할 수 없었다. 아인슈타인은 우리 우주의 형태와 구조를 전체적으로 생각하기 시작했다. 동료이자 친구에게 보내는 편지에서, 아인슈타인은 이 새로운 연구 때문에 사람들이 자신을 "정신병원에 처넣을 것"이라고 농담을 했다. (적어도 내가 볼 땐 농담으로 했던 말 같다.) 이런 주제는 1916년에 물리학자들이 연구할 만한 내용이 아니었다. 아인슈타인에게도 이 연구는 정통에서 벗어난 대담한 연구였다.

별 주위를 도는 행성의 궤도를 계산하기 위해 아인슈타인의 장방정식을 사용하려면 먼저 천체의 질량, 위치, 속도를 알아야 한다. 그러면 비선형 미분방정식들을 풀어 이 정보들로 주위의 시간과 공간이 어떻게 휘어지는지 알아낼 수 있고, 그것으로부터 천체의 운동을 밝혀낼 수 있다. 리글리 야구장에서 허공을 나는 공의 궤적을 계산하든, 블랙홀로 떨어지는 우주선의 궤적을 계산하든, 그 과정은 기본적으로 같다. 그러나 아인슈타인의 이론으로 이런 문제만 다룰 수 있는 것은 아니다. 원칙적으로 질량과 에너지의 분포만 알면 아인슈타인의 방정식을 사용해 그 결과를 알아낼 수 있는 것이다. 심지어 이 방정식으로 우리 우주의 전반적인 기하와 진화를 계산할 수도 있다.

아인슈타인은 최초로 우주론적 계산을 수행할 때 물질이 우주 전체에 고르게 분포한다고 가정했다. 물론 이것은 문제를 다루기 쉽게 만들려고 단순화한 가정이었다. 사실 우리 우주의 실제 밀도는 어디에서나 균일하지는 않다. 지구의 밀도를 예로 들더라도 외부 우주 공간의 평균값보다 명백히 더 크다(대략 10조 곱하기 10조 배만큼 크다). 그러나 큰 규모에서 보면 우리 우주는 꽤 균일한 편이다. 예를 들어 우주 안에서 10억 광년 크기로 넓게 영역을 두 군데 잡아 그 안에 든 은하의 개수를 세어보면, 두 영역 안에 거의 비슷한 수의 은하가 들어 있는 것을 발견하게 된다. 그러므로 당시에는 알 길이 없었겠지만, 아인슈타인의 근사치는 괜찮은 것이었다.

아인슈타인은 일단 우주 안의 물질 분포를 구체적으로 정한 후—혹은 꽤 정확하게 추측한 후—자신의 방정식을 사용해 시간과 공간의 거대 규모 기하를 유추하는 작업에 착수했다. 이 방정식의 풀이는 우리 우주에 포함된 물질의 양에 좌우된다. 전체적인 밀도가 충분히 높으면 우주 전체의 공간은 양의 곡률로 휠 것이고, 기하는 수학자들이 "타원" 기하라고 부르는 구조가 될 것이다. 이러한 우주에서는 멀리 뻗어가는 두 개의 평행선을 따라가면 두 선이 언젠가는 만나게 되고, 삼각형의 내각의 합은 항상 180도보다 클 것이다. 밀도가 낮으면 공간은 음의 곡률로 휜다. 쌍곡 기하가 되는 것이다. 이

2차원 평면이 기하학적으로 평평할 때(왼쪽), 양의 곡률로 휘어 있을 때(가운데), 음의 곡률로 휘어 있을 때(오른쪽)의 예시. 평면에서는 일반적인 유클리드 기하학의 법칙들이 적용된다. 평행선은 평행하게 뻗어나가고 삼각형의 내각의 합은 180도다. 양 또는 음으로 휘어진 공간에서는 고등학교 기하학 시간에 배운 법칙들이 적용되지 않는다.

경우 공간을 따라 평행선을 따라가다 보면 서로 멀어지게 되고, 삼각형의 내각의 합은 180도보다 작다.

우리 우주의 기하를 생각하는 것도 그 자체로 재미있지만, 아인슈타인의 우주론 탐구에서는 그보다 더욱 기이한 것이 드러났다. 그의 예상과는 정반대로, 방정식들은 우리 우주의 기하가 시간에 따라 변한다고 주장하는 것 같았다. 우리 우주의 거의 모든 것이 운동 중인 상태인 것이다. 뿐만 아니라 아인슈타인의 방정식은 공간 자체도 팽창을 하든 수축을 하든 움직여야 한다고 암시한다. 우주는 절대로 가만히 멈춰 있을 수 없다.

이러한 사실은 엄청난 의미를 내포한다. 아인슈타인 이전의 우주는 영원토록 변화가 없는 온전한 모습이었다. 그러나 만일 우주가 변화할 수 있다면 우주의 시작도 있었을 것이고, 어쩌면 끝도 있을 것이다. 의도한 것은 아니지만 아인슈타인은 인간에게 우주의 기원과 역사에 대한 고민을 안겨주었다.

아인슈타인은 자신의 이론이 내놓은 우주론적 결과물을 좋아하지 않았다. 어떤 이유에서인지 그는 우주가 팽창한다거나 수축한다는 아이디어를 대단히 불편하게 여겼다. 나로서는 이것이 늘 이해되지 않았다. 아인슈타인은 놀랄 만큼

창의적인 인간이었고, 상상력이 부족하다는 비난을 받을 사람도 아니었다. 그러나 어떤 이유에서인지 그는 우리 우주가 영원히 변함없어야 한다는 강한 철학적 편견을 가지고 있었다. 그는 우리 우주가 언제나 지금과 같은 모습이어야 하고, 앞으로도 영원토록 이렇게 남아야 한다고 믿었다. 이것이 그에게는 일반 상식 같은 것이었다. 그러나 이 문제에 관해서라면 아인슈타인은 틀렸다.

조금 전으로 돌아가 '우주의 기하가 변화한다'라는 물리학자들의 말이 무슨 의미인지 더 깊이 생각해보자. 2장에서 이야기한 대로, 사람들은 공간을 사물이 움직이는 고정된 배경처럼 상상하는 경향이 있지만, 일반상대성이론은 공간이 그런 것이 아니라고 알려주었다. 에너지의 존재—질량도 포함해서—는 주위의 시간과 공간을 휘거나 구부릴 수 있으며, 이에 따라 시간과 공간을 가로질러 움직이는 사물의 경로도 영향을 받는다. 마찬가지로, 공간 안의 임의의 두 점 사이의 거리는 각기 다른 시간에 대하여 반드시 같을 필요가 없다. 공간이 팽창하거나 수축한다고 말할 때, 이 말의 진정한 의미는 공간 안에 고정된 두 사물 사이의 거리가 늘어나거나 줄어든다는 것이다. 이와 비슷하게 한 영역의 부피도 시간의 흐름에 따라 변화할 수 있으며, 과거와 비교해 공간의 크기가 더 커지거나 작아질 수 있다.

아인슈타인의 방정식에 따르면, 물질 밀도가 높은 우주는 양의 곡률로 휠 뿐 아니라 궁극적으로는 수축하며, 시간이 흐름에 따라 공간 안의 모든 점이 서로 가까워진다. 반면 밀도가 낮은 우주는 음의 곡률로 휜 기하를 갖게 되고 영원히 팽창한다.

당시의 천문학자들은 우리 우주의 거대 규모 구조에 대해 아는 것이 거의 없었다. 그들은 태양이 우리 은하에서 만들어진 수십억 개 별 가운데 하나라는 것을 알았지만, 우리 은하가 고유의 체계를 가지고 있는지 아니면 우리 우주의 다른 곳에도 이와 비슷한 은하들이 있을지는 여전히 확실치 않았다. 뿐만 아니라, 우리 은하는 전혀 팽창하거나 수축하는 것 같지 않았다. 밤하늘의 별들이 일제히 서로를 향해 날아가거나 서로에게서 멀어지며 흩어지는 것 같지도 않았고, 우리의 태양계는 지난 수십억 년 동안 대체로 아무 변화 없이 그대로 있었다. 천문학자들이 지금까지 관측한 것 중에 그 어떤 것도 우리 우주의 진화를 암시하는 것은 없었다. 그들에게 허락된 당시의 기술로는 우리 우주는 정적인 것처럼 보였다. 사실 이런 상황도 아인슈타인의 편견을 부추기는 데 한몫했을 것이다.

물론 아인슈타인은 자신의 방정식을 속속들이 이해했고, 방정식이 우리 우주에 대해 설명하는 내용도 잘 알았지만,

그럼에도 우리 우주는 변화할 수 없다고 계속해서 주장했다. 결국 그는 장방정식의 정적인 풀이를 찾기로 결심했다. 문제는, 원래 쓰인 대로라면 이 방정식들이 정적인 풀이를 갖지 않는다는 것이었다. 우주는 반드시 팽창하거나 수축해야만 했다. 원하는 유형의 풀이를 찾으려면 장방정식 자체를 고치는 수밖에 달리 선택이 없었다.

그러나 일반상대성이론의 장방정식을 고치는 것이 그리 쉬운 일은 아니다. 대단히 과격한 명제—우리에게 익숙한 3차원을 넘어서는 공간 차원을 도입하는 것 같은—에 의존하지 않는다면 자기모순 없이 이 방정식들의 구조를 바꾸는 방법은 사실상 한 가지뿐이다. 장방정식에 새로운 항을 하나 포함시키는 것이다. 아인슈타인은 이것을 '우주항cosmological term'이라고 불렀다.• 이 항은 밖으로 밀어내는 힘처럼 작용해 우주를 팽창하도록 한다. 올바른 값이 정확하게 부여되면, 방정식에 포함된 우주항은 우리 우주가 수축하려는 경향에 맞서 균형을 잡아주고, 우주가 자체적으로 붕괴하는 것을 막아준다.

아인슈타인은 이 우주항이 완전히 임의로 장방정식에 추

• '우주상수'라는 말은 다른 곳에서 들어봤을 것이다. 우주항은 우주상수에 비례한다. 이 책의 목적을 위해서는, 두 용어를 상호 교환해 사용할 수 있다.

가된 것임을 잘 알고 있었다. 그의 이론에 있는 다른 요소들과는 달리, 중력에 대해 알려진 내용 중 우주항을 정당화해 주는 것이 전혀 없었다. 그러나 우주항이 포함되자 일반상대성이론의 수학과 완벽하게 맞아떨어졌고, 우주항이 존재할 수 없다고 알려주는 관측도 없었다. 이런 의미에서 아인슈타인에게는 우주항을 새로 도입할 권리가 있었다. 그리고 우주항을 도입하자 정적인 우주가 가능해 보였다. 당시의 아인슈타인에게는 그것으로 충분했다.

1917년에 아인슈타인은 일반상대성이론의 우주론적 결과를 숙고한 첫 번째 논문을 발표했다. 논문에서는 장방정식의 결과를 직접적으로 따르는 우주를 설명했다. 물리학자들은 곧 이 가설상의 우주를 "아인슈타인의 세계"라고 불렀다.

그렇다면 "아인슈타인의 세계"는 어떤 것인가? 일단, 우주항의 도움을 받은 우주는 정적인 상태였다. 시간에 따라 팽창하거나 수축하지도 않았다. 아인슈타인의 세계는 그 모양과 크기가 과거에도 미래에도 언제나 같을 것이었다. 아인슈타인의 우주론에 따르면 우리 우주는 변화하지 않았고, 따라서 시작도 없었다.

두 번째, 아인슈타인 세계의 기하는 평평한 유클리드 공간이 아니라 양의 곡률로 휘어 있었다. 그리고 아마도 가장 흥미로운 점일 텐데, 그의 우주는 부피가 유한하지만 경계나 가장자리가 없었다. 아인슈타인의 세계는 공간이 그 자체를 감싸고 있다. 다시 말해, 만일 지금 있는 곳에서 출발해 방향을 틀지 않고 반듯하게 계속해서 걸어가다 보면, 궁극적으로는 출발했던 자리로 돌아오게 된다.

이 개념을 이해하려면 비유를 하나 생각하는 것이 도움이 된다. 아인슈타인의 세계는 3차원 공간이지만, 구의 2차원 표면과 공통된 성질을 다수 가지고 있다.• 예를 들어 지구 적도를 따라 서쪽으로 이동한다면, 결국에는 지구를 한 바퀴 돌아 출발점으로 돌아올 것이다. 마찬가지로 아인슈타인의 세계에서 어느 한 방향으로 수천만 광년—또는 1.6×10^{22}킬로미터—이동하면 우주 전체를 한 바퀴 돌 수 있다. 그리고 경계나 가장자리 없이도 지구의 표면적이 유한한 것처럼—약 5억 제곱킬로미터—아인슈타인의 세계도 유한한 부피를 갖는다.

내가 볼 때 아인슈타인의 세계는 대단히 아름답다. 이는 근본적으로 변화 없이 균일한 3차원 구면three-shphere의 완벽한

• 지구 표면을 일반적인 3차원 공간의 일부가 아닌 그 자체로 2차원 공간이라고 생각한다면 가끔은 혼란스럽다. 내 경험상, 이 비유가 오로지 지구 표면에 한해 말하는 것이라고 기억하면 도움이 된다. 위도 아래도 없고, 남북과 동서만 있는 2차원 공간으로 말이다.

예다.—3차원 구면이란 일반적인 구의 2차원 표면의 3차원적 유사체analog다. 왜 아인슈타인이 여기에 끌렸는지 쉽게 이해가 간다. 그러나 수많은 아름다운 것이 다 그렇듯, 아인슈타인의 세계도 환상이라는 것이 밝혀졌다. 수학적 의미로는 일종의 진실을 담고 있을 수 있지만, 물리적 의미로는 그렇지 않다. 우리가 사는 우주는 아인슈타인이 애초에 구상했던 것과는 많이 다르다.

일반상대성이론의 우주론적 결론을 최초로 고민한 사람은 아인슈타인이었지만, 다른 사람들도 발 빠르게 그 뒤를 따랐다. 그로부터 몇 년 지나지 않아 몇몇 물리학자가 장방정식에 대한 각자의 우주론적 풀이를 발표했다. 아인슈타인의 이론이 수많은 우주, 때로는 기이한 형태의 우주를 허용한다는 것을 그들은 재빨리 알아챘다.

이 시기에 확인된 우주론적 풀이 가운데 가장 중요한—또는 적어도 우리 우주와 가장 유사한—풀이 하나가 세상에 등장했다. 이 풀이는 1922년 러시아의 젊은 물리학자 알렉산드르 프리드만Alexander Friedmann이 발견한 것이었다.

프리드만이 일군 위대한 과학적 성취는 역사의 개입이 없었다면 훨씬 더 일찍 나타났을지도 모른다. 그가 대학원을 졸업하자마자 제1차 세계대전이 발발했고, 새로 창설된 러시

아제국 공군은 오스트리아 전선의 폭격기 조종사로 프리드만을 차출했다. 프리드만은 결국 전쟁에서 살아남았지만, 평화로운 삶은 좀처럼 그에게 허락되지 않았다. 새로 이사 간 동네는 우랄 산맥 근처에 있는 페름시였는데, 공산주의자와 반공산주의자 군대가 도시를 장악하고 재탈환하기 위해 끊임없이 전투를 벌이는 지역이었다. 결국 1920년에 다시 짐을 싸 상트페테르부르크로 이사했고(당시 페트로그라드로 이름이 바뀐 지 얼마 되지 않았을 때였다), 그곳에서 학자로서 여러 자리를 거쳤다. 상트페테르부르크에서 지내는 동안 마침내 내전이 종식되었으며, 프리드만은 온전히 과학으로 돌아와 아인슈타인이 내놓은 새 이론의 의미를 심사숙고할 수 있었다.

여러 면에서 프리드만의 우주론적 연구는 아인슈타인과 비슷하게 출발했다. 프리드만도 아인슈타인처럼 우주가 균일한 밀도를 가지고 있다고 가정했고, 계산에 우주항을 포함시켰다. 그러나 프리드만은 우리 우주의 기하가 고정되고 시간에 따른 변화가 없어야 한다고 주장할 근거를 전혀 찾지 못했다. 실제로 그는 아인슈타인과는 완전히 대조적으로, 우리 우주가 '반드시' 팽창하거나 수축해야 한다는 확신을 갖게 되었다. 이론의 창시자인 아인슈타인의 철학적 반대 의견에 개의치 않고, 프리드만은 일반상대성이론이 변화하지 않는 우주를 허용하지 않는다는 것을 눈여겨보았다. 변화는 불가피한 것이었다.

아인슈타인은 프리드만의 연구에 대해 처음 듣자마자 그의 생각이 틀렸을 것이라고 확신했다. 심지어 계산에서 실수를 찾아냈다고도 생각했다. 하지만 1년 남짓 시간이 흐르는 동안 아인슈타인은 조금씩 물러났고, 결국 프리드만의 수학이 정확한 것 같다고 인정했다. 그러나 결과를 인정하면서도 프리드만이 발견한 팽창과 수축의 풀이가 물리적으로는 가능하지 않다고 계속해서 주장했다. 다시 말해 프리드만의 결과는 "정확하고 명료"하지만 "그 풀이에 물리적 의미가 있다고 보기는 어렵다"는 태도를 유지했다. 아인슈타인에게 우주는 절대로 변화할 수 없는 것이었다.

후세대인 우리는 이 문제에서만큼은 아인슈타인이 틀렸음을 알 수 있다. 일단 아인슈타인의 우주론적 풀이는 불안정하며, 정적인 우주를 제대로 서술하지도 않는다. 아인슈타인의 세계에서 설명하는 정적인 우주는 물질이 완벽히 균일하게 분포한다는 가정에 기대어 아슬아슬하게 존재한다. 이런 관점에서 보면 아인슈타인의 세계는 연필심 끝으로 완벽하게 균형을 잡고 서 있는 연필 같다. 이론으로만 따지면 연필은 영원토록 그렇게 서 있을 수 있지만, 현실에서는 공기 분자 하나만 날아와 부딪혀도 언제든 쓰러질 수 있다. 마찬가지로 우리 우주가 아인슈타인이 제안한 것처럼 생겼다면, 물질 대부분이 모여 있는 공간은 서서히 붕괴하기 시작하고, 물질이 적은 공간은 팽창하기 시작한다. 우리 우주는 근사적으로 균일한 것이지 완벽하게 균일하지 않으므로 도저히 정적일 수 없다. 그러나 당시에 이 결론은 아직 널리 인식되지 않았다. 대다수 과학자는 둘 중 누가 옳은지 전혀 가늠할 수 없었다.

이 장 전반에서 나는 아인슈타인의 장방정식과 풀이를 모두 언급했는데, 그러면서 이 둘이 무엇인지, 또는 이 둘이 서로 어떻게 연결되어 있는지는 제대로 설명하지 않았다. 물리학 교과서를 아무거나 들춰봐도 사물의 운동과 변화를 지배하는 방정식을 찾아볼 수 있을 텐데, 이 방정식들만으로는 전체 이야기를 알 수 없다. 하나의 방정식이 때로는 다양한 풀이를 여러 개 내놓을 수도 있고, 다양한 가능성을 여러 개 허용할 수도 있다. 그리고 그중 무엇이라도 이 세상에 실제로 존재할 수 있다.

야구공이 그리는 궤적처럼 단순한 문제를 생각해보자.• 중력 그리고 중력이 운동에 미치는 영향을 서술하는 방정식인 뉴턴의 방정식이 공의 운동을 예측하는 데 유용하게 쓰이긴 해도, 이 방정식만 가지고는 야구공이 특정 시간에 특정 위

• 야구팬이 아니라면 크리켓 공이나 좋아하는 공 아무것으로나 대체해도 된다.

치에 있을지 단언할 수 없다. 무엇보다도 먼저 고려해야 할 것은 환경의 특성이다. 야구공이 지구 표면에 바짝 붙어 움직인다고 가정하면, 공에 작용하는 중력의 세기를 계측하기 위해 지구의 질량과 반지름을 방정식에 끼워 넣어야 한다. 두 번째로, 야구공이 어느 때에 어디에 있을지 예측하기 위해서는, 그와 다른 어느 순간의 공의 위치, 속도, 스핀을 구체적으로 정해야 한다. 이런 것을 물리학자들은 문제의 초기 조건이라고 부른다. 대부분의 상황에서 이 세 가지, 즉 적절한 방정식, 환경과 관련된 요소들, 그리고 초기 조건만 모두 알면 물체의 운동을 계산할 수 있다.

우리 우주의 기원과 진화를 고려할 때도 마찬가지다. 아인슈타인과 프리드만을 포함한 초창기 우주론 학자들은 모두 문제를 다룰 적절한 방정식을 알고 있었다. 일반상대성이론의 장방정식이 그것이다. 그러나 환경 요소와 초기 조건에 대해서는 추측과 짐작을 넘어서지 못했다. 학자들이 제각기 제안한 풀이들은 현재의 팽창 속도 또는 수축 속도, 물질의 평균 밀도, 우주항에 대하여 저마다 다른 값을 가지고 있었다. 그러니까 초창기 우주론 학자들은 마치 야구공의 운동을 예측하는 문제에서 손에 든 도구는 방정식뿐이고, 그것이 어디서 출발했는지, 심지어 이 게임이 펼쳐지고 있는 행성이 어디인지도 모르는 처지였던 것이다.

그렇기는 해도, 아인슈타인의 방정식 하나만 가지고도 시간에 따른 우주의 변화에 대하여 이끌어낼 만한 결론이 있다. 앞서 말했듯이, 우주항이 없는 우주는 팽창하거나 수축한다. 정적인 우주를 설명하는 풀이는 없다. 또한 팽창하는 우주의 팽창 속도는 항상 늦춰지지만, 그에 반해 수축하는 우주는 시간이 흐름에 따라 수축 속도가 점점 더 빨라진다. 이는 포물선을 그리며 허공을 날아가는 야구공을 바라보는 것과 비슷하다. 야구공이 정확히 어떤 형태의 포물선을 그릴지 예측하기는 불가능할지라도, 언제나 포물선을 그린다는 것은 알 수 있다.

아인슈타인은 방정식에 우주항을 추가함으로써 일반상대성이론이 여러 다른 풀이를 가질 수 있도록 했다. 이 풀이 중에는 우주가 점점 더 빠르게 팽창하는 것도 있다. 마치 야구공이 제한 없이 속도가 붙어 머나먼 우주로 영영 날아가버리는 것처럼 말이다. 어떤 풀이에서는 우주가 팽창과 수축의 힘 사이에서 적어도 한동안은 균형을 유지할 수 있다. 야구공이 완전히 운동을 멈춘 상태로 아무 변화 없이 공중에 떠 있는 것과 비슷하다.

야구공의 궤적을 알아내려면 운동을 지배하는 방정식 이상의 것이 필요하다. 즉 관측을 해야 한다. 우리 우주의 기원과 진화도 마찬가지다. 1920년대 전반에 걸쳐 물리학자들은 각자가 좋아하는 우주론적 풀이의 장점을 계속해서 주장했고, 합의에 도달할 기미는 보이지 않았다. 이론적 고찰에서 출발한 우주론은 여기까지가 한계였다. 그러나 모두에게 다행스럽게도, 관측 우주론의 시대가 막 시작되고 있었다.

과학사 전반에서, 이론적 주장과 수학적 논리만으로 논쟁이 해결된 경우는 거의 없었다. 그보다는 새로운 관측과 데이터가 논쟁을 종료시키고 사람들의 마음을 바꾼 경우가 훨씬 더 많다. 우리 우주가 가만히 있는지 아니면 팽창 또는 수축을 하는지에 대하여 아인슈타인과 프리드만, 그 밖의 학자들 사이에 일었던 불일치에서도 그랬다. 이쪽저쪽에서 자기 입맛에 맞는 수학을 들고 목소리를 높여 주장했지만, 합의가 도출될 신호는 보이지 않았다. 이 논쟁은 연필과 종이만 가지고서는 해결될 수 없었다. 이 문제를 풀려면 강력한 차세대 망원경이 필요했다.

20세기 초반의 천문학자들은 우리 은하를 우주라고 생각했다. 그들에게 우주와 은하는 서로 바꾸어 사용할 수 있는 용어였다. 오늘날에는 별과 가스의 거대한 집합체인 우리 은하가 더 큰 우주 안에 포함된 수많은 은하 가운데 하나라는 것을 알지만, 당시에는 우리 은하 말고 다른 은하는 알려진 것이 없었다. 마치 외딴섬에 사는 사람이 바다에 다른 섬이 있는지 알 방법이 전혀 없는 것과 마찬가지다. 20세기 초반의 천문학자들이 알기로, 우리 은하는 수없이 많은 물질의 집약체들 가운데 하나일 수 있었다. 아니면 은하수는 끝없이 광활하고 텅 빈 공간의 바다에 에워싸인 단 하나의, 별들의 집합체였을 수도 있다.

사실 이때에도 천문학자들은 은하를 몇 개 관측하기는 했다. 다만 자신이 보는 것이 무엇인지 깨닫지 못했을 뿐이다. 문제는 멀리 있는 은하가 상대적으로 가까이 있는 훨씬 더 작은 가스 구름, 즉 성운과 굉장히 비슷해 보인다는 것이었다. 천문학자들은 이런 성운을 많이 관측했지만, 이미지만으로는 그것이 은하인지 아닌지 알 수 없었다. 이 사물의 실체를 알아내려면 사물까지의 거리를 측정하는 새로운 방법이 필요했는데, 다행히도 1908년에 미국 천문학자 헨리에타 레빗Henrietta Leavitt이 그런 기술을 발견했다. 레빗의 방법에서는 세페이드 변광성Cepheid이라는 특별한 맥동성pulsating stars을 기준으로 사용한다. 당시 세페이드 변광성의 밝기 변화 주기와 그 밝기 사이에는 상당히 신뢰할 만한 관계가 있다는 것이 알려져 있었다. 이 관계를 가지고 천문학자들은 세페이드 변광성의 밝기를 계측하는 동시에 그 별까지의 거리도 측정할 수 있었다. 관측 우주론을 연구하던 1세대 학자들에게 이것은 게임의 판도를 바꾸는 진전이었다.

같은 시기에 망원경 자체도 훨씬 더 강력해졌다. 망원경이 클수록 수집할 수 있는 빛의 양이 더 많고, 더 먼 곳에 있는 희미한 천체를 자세히 관측할 수 있다. 1919년 당시 세계에서 가장 큰 망원경은 로스앤젤레스 외곽 윌슨산 천문대에 새로 설치된 후커 망원경이었다.

에드윈 허블Edwin Hubble은 후커 망원경과 레빗의 기법을 사용해 수많은 세페이드 별들의 거리를 측정할 수 있었는데, 이 중에는 다양한 성운 안에 있는 별들도 포함되어 있었다. 오랫동안 많은 천문학자가 이 성운들은 우리 은하의 일부일 거라 생각했지만, 허블의 측정 결과 그중 일부는 너무 멀리 떨어져 있어 우리 은하에 속할 수 없다는 사실이 밝혀졌다. 예를 들어 안드로메다성운 안에 위치한 세페이드까지의 거리는 약 90만 광년인 것으로 측정되었다.• 이는 우리 은하의 범위를 훌쩍 넘는 거리다. 허블은 측정을 수행하면서 안드로메다성운이 그저 근처에 있는 기체 성운과 별로 이루어진 성간 구름이 아니라 요건을 제대로 갖춘 은하이며, 우리 은하와 크기와 모양도 비슷하다는 것을 발견했다. 이런 이유로 오랫동안 안드로메다성운이라고 알려졌던 이 은하는 현재

• 이 거리에 대한 허블의 측정값은 상당히 축소된 것이었다. 안드로메다까지의 실제 거리는 약 250만 광년이다.

안드로메다은하라고 불린다.

몇 년 안에 논쟁은 단번에 종결되었다. 오늘날 우리는 우리 은하가 더 거대한 우주 안에 있는 별들이 모인 섬이고, 우주 안에는 그야말로 수도 없이 많은 다른 섬이 존재한다는 것을 안다. 현재의 추정치에 따르면 우리 우주 안에는 잠재적으로 관측 가능한 부피 안에 대략 1조 개 이상의 은하가 있다. 어떤 면에서 이 발견은 코페르니쿠스 혁명에서의 새로운 진전을 대표하는 것이었다. 지구는 태양 주위 궤도를 도는 행성 중 하나에 불과하며, 태양은 우리 은하의 수십억 개 별 가운데 하나다. 여기서 허블의 발견은 한 걸음 더 나아갔다. 우리 은하, 즉 은하수는 독특하거나 특별한 것이 아니고, 그보다 더 큰 우주 안에 포함된 수많은 은하 가운데 하나다.

안드로메다를 포함해 성운이라고 알고 있던 수많은 천체가 사실은 우리 은하와 다르지 않은 은하라는 허블의 발견은 엄청난 파장을 일으켰다. 그러나 이 새로운 정보 자체로는 우리 우주가 팽창하는지 수축하는지 알려주는 것이 없다. 우리 우주가 변화하고 있는지 그렇지 않은지, 또는 어떻게 변화하고 있는지 알아내기 위해 천문학자들은 천체들—예를 들면 은하들—까지의 거리를 측정해야 할 뿐만 아니라 움직이는 속도까지 알아내야 했다. 만일 우리 우주가 수축하고 있다면, 허블이 관측한 은하들은 모두 우리를 향해 다가오고 있을 것이다. 그리고 우리 우주가 팽창하고 있다면 모든 은하는 팽창하는 공간에 실려 우리에게서 멀어지고 있을 것이다.

다행히도 천문학자들은 일반상대성이론을 이용해 은하의 속도를 알아낼 수 있었다. 소리를 내는 물체가 우리를 향해 움직이거나 우리에게서 멀어지며 움직일 때 음파의 높낮이가 변하듯이(도플러 효과), 아인슈타인의 이론은 광원의 움직임에 따라 빛의 진동수가 치우칠 것이라고 예측한다. 천문학자 베스토 슬라이퍼Vesto Slipher는 일찌감치 아인슈타인이 내놓은 새 이론의 이런 적용법을 깨닫고, 수많은 은하에서 오는 빛의 진동수를 측정한 사람들 가운데 하나다. 그리고 측정 결과 은하들에서 오는 빛의 진동수가 낮은 진동수 쪽, 즉 빨간색 쪽으로 치우친다는 것을 여러 차례 발견했다. 이는 은하들이 우리에게서 멀어지고 있음을 보여주는 증거였다.

허블과 그의 동료 밀턴 휴메이슨Milton Humason은 이후 몇 년 동안 최첨단 후커 망원경으로 계속 은하를 관측하며 연구했고, 관측 대상인 천체 46개에 대하여 대단히 인상적인 거리 측정 표를 제작했다. 이렇게 측정된 거리와 슬라이퍼가 측정한 속도를 결합시키면 분명한 패턴이 드러났다. 특히 그들이 관측한 각각 수백만 광년 떨어진 매우 먼 은하들이 모두 우리에게서 상당한 속도로 멀어지고 있었다. 마치 우리가 폭발하는 우주의 한가운데에 앉아 있고, 모든 것이 우리를 중심으로 사방으로 멀어져가고 있는 것 같았다. 그러나 좀 더 흥미로운 사실이 있었다. 이런 은하들의 속도가 우리를 기준으로 거리에 대체로 비례한다는 것이었다. 이후 이 관계는 '허블의 법칙'•이라고 알려졌다. 허블이 측정한 은하들 가운데 매우 멀리 있는 은하들은 우리에게서 대략 초속 1000킬로미터의 속도로 멀어지는 반면, 가장 가까이에 있는 은하들이 멀어지는 속도는 그보다 훨씬 느리다. 우리와 은하 사이의 거리가 100만 광년씩 멀어질 때마다, 은하는 약 초속 21.7킬로미터, 또는 시속 8만 킬로미터의 속도로 우리에게서 멀어진다.••

허블과 휴메이슨은 처음에 이 결과를 놓고 어떻게 해석해야 할지 몰랐다. 그들이 발견한 것은 우리 우주가 아인슈타인의 주장과는 달리 정지 상태가 아니라는 것이었다. 뿐만 아니라 데이터는 우리가 우주 폭발의 중심에 있지 않다는 것도 보여주었다. 흥미로운 이 가설은 은하 사이의 거리와 은하의 속도 사이에서 관측된 비례 관계를 설명하지는 못하지

• 지금은 공식적으로 '허블-르메트르의 법칙'이라고 부른다. —옮긴이

•• 여기에 쓴 숫자들은 현대에 측정된 값이다. 허블의 원래 측정에는 계통오차가 포함되어, 은하와의 거리가 지금보다 약 7배 정도 가깝게 측정되어 있다.

만, 이 세상을 구성하는 공간 자체가 시간에 따라 팽창하고 있다고 설명한다. 멀리 있는 은하가 우리에게서 멀어지는 것처럼 보이는 것은 우리와 은하 사이의 공간의 부피가 커지고 있기 때문이다.

만일 여러분이 지금 처음으로 공간의 팽창 또는 수축이라는 개념을 생각해보는 중이라면 이 아이디어를 이해하기가 다소 어려울 수도 있겠다. 여러분이 대다수 사람과 비슷하다면, 이 개념을 적어도 어느 정도는 부정확하게 떠올릴 가능성이 높다. 그러나 불쾌하게 여기지 말자. 모든 사람이 처음에는 잘못 이해하니까. 나도 그랬다. 공간의 팽창과 수축은 매우 기묘한 아이디어고, 머릿속에 자연스럽게 떠올릴 만큼 직관적이지도 않다. 공간이 팽창한다는 의미를 더 잘 이해하기 위해 비유를 하나 들어보자.

지금 당신은 지구 표면에 서 있고 지구는 부풀어 오르는 풍선처럼 팽창하고 있다고 상상해보자. 이 풍선 같은 지구가 점점 팽창할수록 지구 표면의 두 점 사이의 거리는 늘어난다. 예를 들어 시카고와 디트로이트 사이의 거리는 일직선으로 390킬로미터다. 그러나 지구가 서서히 팽창해 한 시간 동안 원래 반지름보다 두 곱절 팽창한다면, 시카고와 디트로이트 사이의 거리는 한 시간 동안 390킬로미터에서 780킬로

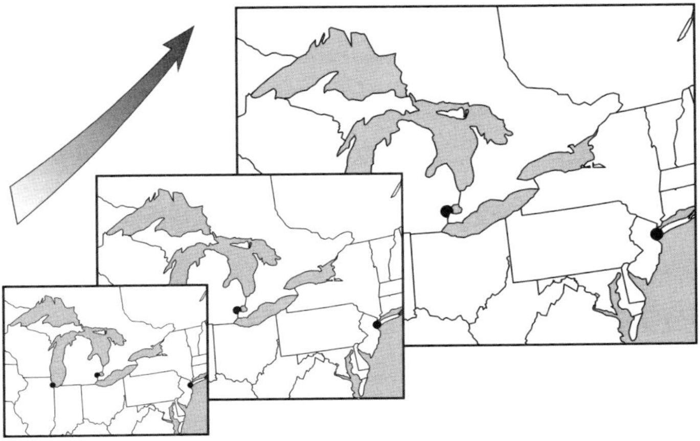

지구가 부풀어 오르는 풍선처럼 팽창하고 있다면, 표면에 있는 두 도시 사이의 거리는 시간에 따라 증가한다. 모든 도시는 서로에게서 멀어지며 각 도시 사이의 거리에 비례하는 속도로 멀어진다. 이는 허블이 은하에서 관측했던 것과 같은 관계다.

미터로 늘어날 것이다. 그러니까 지금 당신이 시카고에 있다면, 디트로이트는 당신에게서 시속 390킬로미터의 속도로 멀어지는 것처럼 보일 것이다.

시카고에 서 있는 당신이 이제 다른 도시를 바라본다면, 그 도시도 반드시 같은 속도는 아니더라도 당신에게서 멀어지고 있을 것이다. 뉴욕을 예로 들면, 뉴욕은 디트로이트보다 3배 멀리 떨어져 있으므로 시카고로부터 대략 3배 더 빠르게 약 시속 1170킬로미터 속도로 멀어질 것이다. 그러니까 지구가 팽창하면서 지구 표면에 있는 모든 위치는 서로에게서 멀어지고 그 속도는 서로의 거리에 비례한다. 이는 정확히 허블이 은하에서 발견한 것과 같은 관계다.

이 비유를 활용해 팽창하는 공간의 다른 성질도 이해할 수 있다. 팽창하는 지구 표면 위 어느 곳에 서 있더라도, 지구상의 모든 도시는 당신에게서 멀어진다. 그리고 지구 표면에 중심이 없는 것처럼 팽창하는 우주에도 중심이 없다. 관측자가 우리 우주 어느 곳에 있더라도 허블이 발견한 것과 똑같은 은하의 후퇴를 관측하게 된다.

대중 강연을 할 때 이 이야기를 자주 설명하는데, 이 대목쯤 되면 이런 질문을 하는 사람이 꼭 있다. "하지만 우주가 어디를 향해 팽창한다는 거죠?" 사람들은 대부분 팽창하는 우주를 공간이 성장하는 과정으로, 또는 부푸는 풍선처럼 점점 커져서 다른 공간 영역을 조금씩 점유해가는 모습으로 떠올린다. 그러나 이는 "우주"라는 말에 담긴 의미를 놓친 것이다. 우주는 팽창해서 다른 우주가 될 수 없다. 우주가 팽창한다고 말할 때에는 우주 전체를 말하는 것이지 그중 일부를 말하는 것이 아니다. 우주는 어딘가로 커지거나 확장되지 않는다. 만일 그렇다면 그 '어딘가'를 '우주'라고 불러야 한다. 우리 우주는 점점 커지지만, 그렇다고 다른 어떤 것 안으로 들어가고 있는 것은 아니다.

우주론 학자들이 팽창하는 우주를 거론할 때는, 은하나

다른 천체가 이전에 점유된 적 없는 기존의 공간으로 들어간다는 의미가 아니다. 은하들이 서로 멀어지는 방향으로 날아가 더 큰 우주의 영역 안을 떠다니는 것이 아니다. 그런 것이 아니라, 공간 자체가 시간의 흐름에 따라 더 커지는 것이다. 공간 안의 모든 점은 어제보다 오늘 서로에게서 더 멀어져 있다.

날아가는 야구공이나 멈추는 자동차 같은 일상생활 속 물체들의 물리학을 생각할 때 우리는 직관의 도움을 많이 받는다. 수백만 년에 걸친 자연 선택을 통해 우리의 뇌는 이런 현상들을 그려보고 이해하는 데 능숙해졌다. 그러나 물리학의 아이디어들, 특히 현대 물리학의 아이디어들은 모두 다 직관적이지는 않다. 팽창하는 우주가 바로 그 예다. 충분한 노력과 훈련이 없으면 이 개념을 파악하기가 꽤 어려울 수 있다. 그러나 동시에 인간의 뇌는 충분히 유연해서 이 이상하고 기이한 아이디어를 이해한 것처럼 스스로를 속일 수도 있다.

팽창하는 공간 개념을 이해하기 어렵다면, 한 가지 정신적 속임수를 시험해보자. 팽창하는 우주 대신 모든 물체가 수축하는 우주를 상상하는 것이다. 이것이 무슨 말인지 이해하기 위해, 공간 안의 어떤 두 점을 생각해보자. 두 점 사이 거리를 측정하고 그 거리가 시간에 따라 늘어난다는 것을 발견하면 두 점 사이 공간의 부피가 늘어났기 때문이라고 결론을 내릴 수 있다. 즉 공간이 팽창하고 있는 것이다. 그런데 현실적으로 공간 안에 있는 두 점 사이의 거리를 어떻게 측정하는가? 거리를 측정하려면 줄자나 막대자 같은 일종의 측정 표준이 필요하다. 지금 나는 우리 동네 커피숍에 앉아 있다. 내가 이 방의 폭을 확인하고 싶다면, 막대자를 꺼낼 것이다. 자가 없으면 팔을 벌리거나 그와 비슷한 다른 것을 활용해도 된다. 그리고 그 길이로 몇 번을 가야 한쪽 벽에서 다른 벽까지 도달하는지 셀 것이다. 측정 표준이 없다면 측정은 불가능하다. 아무 특징도 없고 안에 아무것도 없는, 기본적으로 텅 빈 정육면체인 방의 사진을 앞에 놓고 방의 크기를 추정해보라고 하면 추정할 방법이 없다. 사진 속 벽면의 길이는 센티미터 규모일 수도 있고, 아니면 몇 킬로미터일 수도 있다. 비교할 표준이 없으면 거리를 측정할 수 없다. 거리는 다른 것과 비교할 때에만 의미가 생긴다.

그러므로 공간 안의 거리는 측정 도구로 무엇을 사용하는지가 중요하다. 따라서 팽창하는 공간은 매우 다른 두 가지 방식으로 생각해볼 수 있다. 첫 번째 방법이 조금 더 일반적인데, 우리 우주 공간의 부피가 늘어나고 있다고 생각하는 것이다. 그리고 대안적인 방법은, 공간 자체는 그대로인데 공간 안의 모든 것이 쪼그라들고 있다고 생각하는 것이다. 이 두 생각은 모두 완벽하게 동일하며 서로 구별할 수 없다. 지금 내가 앉아 있는 방이 아무 변화가 없는데 내 막대자의 길이가 꾸준히 줄어들고 있다면, 내가 방의 폭을 측정하는 순간마다 방이 커지는 것처럼 보일 것이다. 즉 팽창하는 것처럼 보이는 것이다. 그러나 내가 정말로 방이 커지고 있다는 확신을 가지려면 막대자뿐만 아니라 방 안의 모든 것도 함께 줄어들어야 하고, 나 자신의 몸도 줄어들어야 한다. 만일 방 안의 모든 것이 절대적으로 같은 비율로 줄어들고 있다면, 나로서는 방이 커지고 있는지 아니면 그 안의 물건들이 줄어들고 있는지 알 길이 전혀 없다.

마찬가지로, 우리 우주가 팽창하고 있다고 생각할 수도 있고, 우리 우주 안의 모든 것이 줄어들고 있다고 생각할 수도 있다. 그런데 여기에서 말하는 '모든 것'은 정말로 '모든 것'을 의미한다. 예를 들어 우리는 우주 공간 안의 두 점 사이를 이동할 때 걸리는 시간을 측정할 때 측정 단위로 빛을 자주 사용한다. 따라서 측정 단위들이 줄어들려면 빛의 속도까지도 시간과 더불어 느려져야 한다. 이와 비슷하게 원자 안의 양성자, 중성자, 그리고 전자 사이의 거리도 줄어들어야 하고, 마찬가지로 태양과 지구 사이의 거리도……. 그야말로 모든 것이 줄어들어야 한다. 물론 이 모든 자연의 성질들이 왜 같은 속도로 변화하고 있는지 설명하기가 꽤나 어려운 일이라서, 만물의 축소가 공간의 팽창을 흉내 낼 수 있다는 것이 별로 타당해 보이지 않을 수도 있다. 그러나 다른 어딘가로 확장하지 않으면서 팽창하는 공간의 개념이 혼란스럽다면, 그 대신 정지 상태인 우주 안의 모든 것이 줄어들고 있다고 생각해보는 것도 어느 정도는 도움이 될 것이다.

허블의 관측은 우리 우주가 팽창하고 있다는 사실을 밝혀주었을 뿐 아니라 우리 우주의 과거와 미래도 귀띔해주기 시작했다. 어느 한 순간의 야구공의 속도를 안다면, 뉴턴의 방정식을 사용해 공이 앞으로 어떻게 움직일지 그리고 이전에는 어디에 있었는지 예측할 수 있다. 마찬가지로 허블이 측정한 우리 우주의 팽창률을 프리드만의 우주론적 풀이를 설명하는 방정식과 결합함으로써, 과학자들은 우리 우주의 역사를 추론할 수 있게 되었다.

프리드만의 방정식을 시간 속에서 뒤로 돌리면, 과거에 우리 우주는 좀 더 조밀하게 압축되어 있었고 물질과 에너지의 밀도도 지금보다 훨씬 더 높았음을 알 수 있다. 이 정도 수준으로 압축되어 있었다면 한때 어린 우주는 대단히 뜨거웠을 것이다. 그리고 시간을 뒤로 돌릴수록 더욱 뜨거워진다. 실제로 이 방정식들을 먼 과거까지 수십억 년 거슬러 올라가게 한다면 방정식은 활발한 입자들이 극도로 뜨거운 수프처럼 우리 우주 구석구석을 채웠던 시대를 설명한다.

우리 우주가 어떤 식으로든 정지해 있다는 것을 보여주려던 아인슈타인의 노력에도 불구하고, 프리드만과 허블, 그리고 그 밖의 초창기 우주론 학자들의 연구 결과는 그렇지 않다는 것을 보여주었다. 일반상대성이론의 방정식들에 따르면 공간의 크기와 모양은 시간이 흐름에 따라 변화해야 한다. 뿐만 아니라 우리 우주가 팽창하고 있다는 관측은 우주 전체—우리가 아는 모든 것이며 우리가 앞으로 경험할 모든 것—가 뜨거운 원시 상태에서 벗어나 수십억 년에 걸쳐 성장하고 팽창했으며, 오늘날 우리가 보는 세상으로 자라났음을 암시한다. 수십 년이 흐른 뒤에 이 원시 상태는 '빅뱅'이라는 이름을 얻게 되었다. 인류 역사상 처음으로, 인간은 모든 것의 기원을 제대로 엿보게 된 것이다.

4장

빅뱅 이론의 탄생

망원경은 어떤 면에서는 타임머신과도 같다.
망원경은 수십억 년을 여행해 우리에게 온 빛을 통해
그 빛이 떠나온 멀고 먼 은하들을 보여준다.
천문학에 몸담은 우리는 사실상 과거를 볼 수 있다는 점에서
우주를 연구하는 장점을 누리고 있다.

—마틴 리스Marthin Rees

우주론을 처음 마주했던 순간을 지금도 생생히 기억한다. 그때 나는 학부 4학년생이었고, 우주론 과목을 막 배우기 시작한 참이었다. 나는 우리 우주가 팽창하고 냉각되면서 벌어진 놀라운 사건들에 완전히 압도되었다. 인간이 그토록 오랜 우주의 역사를 파헤치고 이해할 수 있다는 점에서 과학 그 자체도 경이로웠다. 추측이나 신화 창조가 아니라 관측과 측정, 그리고 인간의 이성을 이용해 우주의 역사를 탐구할 수 있다는 사실이 무척이나 놀라웠다.

우주 역사를 구성하는 기본 요소들은 포괄적으로 빅뱅 이론이라고 부르는데, 관측된 증거에 탄탄히 근거를 두고 있다. 오늘날 어떤 과학자도, 매우 뜨겁고 조밀한 상태에서 출발한 우리 우주가 138억 년에 걸쳐 팽창하고 그 과정에서 원자핵, 원자, 은하, 별, 그리고 행성들이 형성되었다는 사실을 의심하지 않는다. 이 연대표를 뒷받침하는 증거는 너무나도 압도적이어서 부인하기 어렵다. 그러나 항상 그랬던 것은 아니다. 이런 생각들이 처음 제시되었을 때, 우리 우주의 역사라는 개념을 포용한 과학자는 거의 없었고, 대다수는 적극적으로 반대 의사를 표명했다. 물리학자들과 천문학자들이 이 이론을 우호적인 시선으로 바라보기 시작한 것은 이 이론에 유리한 증거들이 상당히 쌓이고 난 후의 일이다. 이는 과학계가 건강하게 작동할 때 흔히 찾아볼 수 있는 핵심적인 특징이다. 설령 새 아이디어에 회의적인 태도를 취했던 과학자라 해도 증거가 나오면 기꺼이 마음을 바꾼다. 그리고 빅뱅에 유리한 증거들은 온 세상 사람들이 다 들을 수 있을 만큼 크고 우렁차게 자기 존재를 주장하고 있었다.

1990년대 이래로 관측 우주론 학자들은 놀랍도록 상세하고 정확한 데이터를 수집했는데, 이전에 수집할 수 있었던 것과는 완전히 다른 양상의 증거였다. 이 데이터는 빅뱅 이론의 중요한 요소들을 확인시켜줄 뿐만 아니라, 우주의 역사 전반에 걸쳐 발생했던 수많은 사건을 생생하게 보여주었다. 30년 전만 해도 인간이 우주에 대해 이렇게 많은 것을 이토록 빨리 알아낼 거라고 믿은 과학자는 거의 없었을 것이다.

그러나 우리는 해냈다. 현대는 우주론 학자가 되기에 아주 흥미진진한 시대다.

은하들이 우리에게서 멀어지고 있고 그 속도는 은하까지의 거리에 비례한다는 허블의 발견은 우리 우주가 팽창하고 있으며 시간에 따라 변화한다는 첫 번째 증거를 명백히 제시했다. 이 사실은 놀라운 의미를 담고 있다. 변화 가능성을 품고 있는 것—예컨대 우리 우주—은 어쨌든 항구적이거나 영원하다고 할 수 없다. 그리고 영원하지 않은 것은 시작이 있었을 것이다. 아니 있어야 한다. 과학자들이 우리 우주의 기원에 대해 묻기 시작한 것은 불가피한 일이었다.

1세대 우주론 학자들 중 대다수는 우리 우주의 먼 과거나 기원에 그다지 관심이 없었다. 조르주 르메트르Georges Lemaître는 예외였다. 과학과 종교가 자주 반목하던 세상에서, 르메트르는 보기 드문 인물이었다. 그는 수학자이자 천문학자였을 뿐만 아니라 서품을 받은 천주교 사제였다. 비록 종교가 과학 발전을 가로막는 일이 잦기는 했어도, 우주와 그 안의 모든 것이 원시적 사건에서 창조되었을 가능성을 과학적 가설로서 처음 고려한 사람이 종교인이라는 사실은 아마도 크게 놀랄 일은 아닐 것이다.

르메트르는 1923년에 케임브리지 대학원생으로서 유명한 천문학자 겸 물리학자인 아서 에딩턴Arthur Eddington의 지도를 받으며 연구하던 중, 이제 막 알을 깨고 나온 우주론을 처음 접했다. 그는 하버드대학교와 매사추세츠 공과대학에서 잠깐 공부한 후 고향인 벨기에로 돌아왔고, 루벤 가톨릭대학교에서 시간 강사로 일했다. 이 무렵의 르메트르에 관해 알려진 것은 거의 없다. 상당히 이름 있는 기관에서 학위를 받았지만, 그의 연구는 세상에 크게 영향을 미치지 못했다. 그러나 모든 것이 곧 바뀌려 하고 있었다.

우주론을 다룬 르메트르의 첫 연구 논문은 1927년에 발표되었다. 무엇보다도 이 논문에서는 일반상대성이론의 방정식들을 가지고 은하의 속도와 거리에 관해 허블의 법칙과 정확히 같은 내용을 유추했다. 이는 허블이 그의 유명한 관측 결과를 내놓기 2년 전의 일이었다. 르메트르는 이 관계가 일반상대성이론의 필연적인 결과라고 주장했다. 그러나 아인슈타인을 포함한 많은 이는 이런 주장에 회의를 표했다. 아인슈타인은 르메트르에게 "당신의 계산은 맞다"고 인정하면서도 "물리학에 대한 당신의 이해는 끔찍하다"고 재빨리 덧붙였다.

만일 르메트르의 연구가 이 단계에서 끝났다면 오늘날 그를 기억하는 사람은 거의 없을 것이다. 그러나 허블의 발견을 뒤좇아 르메트르는 또 다른, 심지어 더 대담한 아이디어를 발표할 준비를 마쳤다. 이 연구는 다음 세기의 우주론을 위한 무대를 마련해주었다.

1931년에 르메트르는 짧지만 심오한 논문을 발표했다. 제목은 "양자 이론의 관점에서 본 세상의 시작The Beginning of the World from the Point of View of Quantum Theory"이었다. 몇 문단 만에 그는 존재하는 모든 것—모든 물질의 입자와 모든 빛알—이 단 하나의 '원자' 붕괴에서 발생했다는 제안을 내놓았다. 이름은 '원자'였지만, 르메트르의 원시적인 원자는 주기율표의 원소들과는 공통점이 거의 없었다. 한 가지를 예로 들면, 르메트르의 원자는 어마어마한 질량을 가졌는데, 이 질량은 오늘날 우주 안에 포함된 전체 에너지와 같은 양이었다.

르메트르는 이 단일한 원시 원자가 붕괴하기 전에는 시간과 공간 개념 자체가 무의미하다고 주장했다. 결국 거리를 측정한다는 것은 사물과 사물 사이에서만 가능한데, 만일 우주에 단 하나의 사물밖에 없다면 측정할 거리가 없다. 마찬가지로 이 단일 상태 안에서 르메트르의 원자는 할 수 있는 게 아무것도 없었다. 사실상 움직일 수 있는 공간도 없고, 상호작용을 할 대상도 없으니까. 단 하나의 사물만 있는 우주 안에서는 공간도 있을 수 없다. 아무 일도 일어나지 않는 우주 안에서는 시간도 있을 수 없다. 이런 의미에서 시간과 공간은 원시 원자의 붕괴로 말미암아 존재하게 된 것이다.

물론 르메트르의 설명은 지금 우리가 이해하는 빅뱅과는 공통점이 거의 없다. 그러나 이 논문은 우리 우주의 기원, 다시 말해 다른 모든 사건이 뒤따르는 창조 사건에 대해 최초의 물리적, 과학적 제안을 내놓았다는 점에서 의의가 크다. 당시의 많은 과학자는 우리 우주가 팽창하고 있다는 사실을 조금씩 받아들였지만, 시간과 공간 자체에 시작이 있다는 아이디어에는 다들 거부감을 보여서, 아서 에딩턴은 "불쾌하다"고 표현했다. 아인슈타인만큼은 분명히 예외였다. 그는 결국 르메트르와 그의 물리학을 훨씬 더 호의적으로 바라보게 되었다. 1933년에 르메트르의 강연에 참석한 후 아인슈타인은 이렇게 말했다. "지금까지 내가 들어본 창조의 설명 중 가장 아름답고 만족스러운 내용이었습니다."

시간이 흐르면서 공간이 팽창하면 그 안에 포함된 물질과 에너지는 꾸준히 희석된다. 따라서 과거에 우리 우주는 오늘날보다 물질의 밀도가 더 높았고, 미래에는 밀도가 점점 더 낮아질 것이다. 물질과 에너지는 희석되면서 냉각되기도 한다. 그러므로 우리 우주는 과거에는 더 뜨거웠고 미래에는 더 차가워질 것이다.

상대적으로 간단한 이 논리가 빅뱅 이론의 핵심이다. 만일 시간을 따라 과거로 거슬러 가면, 우리 우주의 역사를 재구성할 수 있다. 약 31억 년 전에 우리 우주는 부피로 치면 현재의 절반 정도였다. 그보다 더 거슬러 가서 85억 년 전으로 가면 현재 부피의 10분의 1밖에 되지 않았다. 그리고 120억 년 전에는 오늘날의 크기의 100분의 1에 불과했다.

이러한 초기 시대에는 모든 것이 서로 가까이 붙어 있었고, 따라서 더 조밀한 상태였다. 그러나 먼 과거의 우리 우주는 전체적인 밀도만 다른 것이 아니다. 물질 그리고 지금과 다른 형태인 에너지의 상대적인 양 역시 공간의 팽창과 함께 변화했다. 물질의 밀도는 직관적으로 예상할 수 있는 수준만큼 변화했다. 예를 들어 공간의 부피가 1000배 증가하면, 그 공간 안에 있는 물질의 밀도는 팽창하는 과정에서 물질이 파괴되거나 창조되지 않는 한 1000분의 1로 감소한다. 그러나 빛알이나, 빛의 속도에 가깝게 또는 빛의 속도로 날아다니는 입자들에게는 사정이 그렇게 간단하지 않다. 모든 입자가 경험하는 일반적인 희석—앞서 언급했던 1000분의 1—에 더하여 낱알의 빛알들은 공간의 팽창에 의해 길게 늘어진다. 따라서 파장이 길어지고 에너지와 온도는 감소한다. 이러한 효과를 우주론적 적색이동cosmological redshift이라고 부르는데, 이 효과에 의해 빛이 가진 에너지는 일반 물질 입자보다 더 많이 희석된다. 공간의 부피가 1000배 증가하면 빛알이 가진 총에너지는 1만분의 1로 떨어진다. 물질이 경험하는 것보다

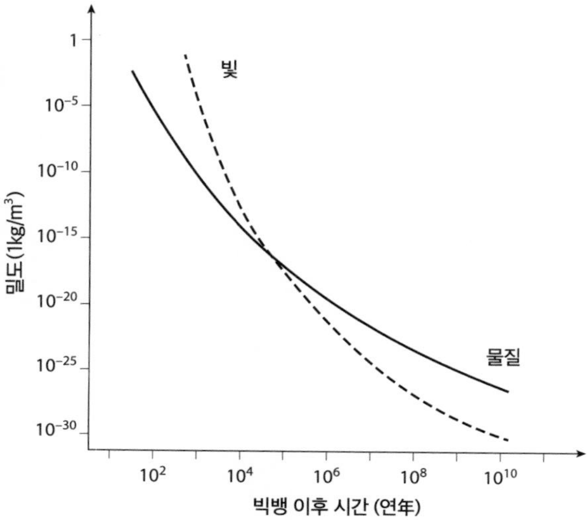

우주 역사 전반에 걸쳐, 공간이 팽창하면서 우리 우주 안에 포함된 물질과 빛의 밀도도 꾸준히 희석되었다. 뿐만 아니라 빛 형태로 된 에너지는 우주론적 적색이동의 결과로 더 크게 감소했다. 그러므로 먼 과거에는 빛과 물질의 비율이 지금보다 훨씬 높았다.

10배 더 많이 감소하는 것이다.

그러므로 과거 우리 우주에서 빛 대 물질의 비율은 빛 쪽이 현재보다 분명히 더 높았을 것이다. 오늘날 우리 우주가 가진 에너지는 빛의 형태보다 물질의 형태로 된 것이 더 많지만, 과거로 충분히 거슬러 올라가면 그렇지 않았던 시대를 만나게 될 것이다. 우리 우주는 물질이 아닌 빛의 상태로 시작되었다.

20세기 전반에는 우리 우주의 원자가 어디에서 왔는지 또는 언제 어떻게 형성되었는지 정확히 아는 사람이 없었다. 그러나 이 문제를 두고 내기를 건다면, 원자핵이 별들에서 비롯되었다는 쪽에 거는 것이 돈을 딸 확률이 높아 보인다.

1920년대 초, 물리학자들은 수소가 헬륨 핵으로 융합되는 과정에서 별이 방출하는 에너지 대부분을 만들어낼 수 있을 것이라고 주장했다. 별의 구성 성분은 대부분 수소이고, $E=mc^2$에 따라 아주 작은 질량도 일반적인 별 하나에 수십억 년 동안 연료를 공급하기에 충분한 에너지로 변환될 수 있다. 1940년 무렵에는 별 안에서 일어나는 기본적인 핵융합 과정이 대부분 파악되어 알려졌다. 거대 별들 안에서는 이러한 핵융합 과정을 통해 철 같이 무거운 원자핵도 형성될 수 있었다. 초신성supernova이라고 하는 별의 폭발에서는 이보다 더 무거운 금, 은, 우라늄 같은 원소도 합성될 수 있다. 당시의 과학자들이 보기에, 우리 우주에 존재하는 모든 원소, 그리고 주기율표에 올라 있는 원소들의 핵은 모두 별의 용광로에서 태어났다고 해도 무리가 없어 보였다.

그러나 1950년대 말 무렵, 항성 핵합성stellar nucleosynthesis이라고 불리는 이 이론은 조금씩 한계에 이르렀다. 특히 별만 가지고서는 우리 우주 전반에서 발견되는 어마어마한 양의 헬륨을 만들어낼 수 없다는 사실이 점점 더 명확해졌다. 헬륨은 우리 우주의 원자들 가운데 꽤 큰 비중을 차지하며, 질량으로 따지면 전체의 25퍼센트 정도다. 이렇게나 많은 헬륨이 별에서 만들어질 방도는 없어 보였다.

이런 문제에도 불구하고, 당시 항성 핵합성은 원소들이 형성될 수 있는 방법 중 유일하게 타당해 보였다. 핵융합은 수십억 도 이상의 온도에서만 일어나는데, 그런 온도는 별의 핵 안에서만 찾아볼 수 있는 것이었다. 그러나 1946년에 소련계 미국인 물리학자 조지 가모프George Gamow—한때 알렉산드르 프리드만의 학생—는 한 가지 다른 가능성을 제안했다. 관측 결과 현재 우리 우주가 팽창하고 있다면, 먼 과거의 우주는 훨씬 더 뜨거웠을 것이다. 그렇다면 지금 존재하는 원자핵 대부분이 그때 형성되었을 수 있다. 원자핵은 뜨거운 별 안의 핵에서가 아니라 빅뱅의 뜨거운 열기 안에서 만들어졌을 것이라는 내용이었다.

몇 년 전, 가모프의 1946년 오리지널 논문과 1948년에 가모프가 학생 랠프 앨퍼Ralph Alpher와 함께 쓴 후속 논문•을 읽

• 가모프는 영리한 마케팅 전략 차원에서(그리고 그게 재미있다고 생각했기 때문에), 연구에 참여하지도 않고 실제로 논문을 작성하지도 않은 물리학자 한스 베테Hans Bethe를 저자로 올렸다. 베테의 이름이 포함된 이유는 저자 목록이 "앨퍼, 베테, 가모프"로 읽혀 "알파-베타-감마"라는 별명으로 불릴 것이라는 생각에서였다. 실제로 이 논문은 오늘날에도 이 이름으로 널리 알려져 있다.

어보았다. 과학의 역사에서 이만큼 중요하고 이만큼 잘못된 논문은 찾아보기 어려울 것이다. 원자핵이 빅뱅 동안 형성되었을 것이라는 제안은 심오하고 중대한 의미가 있다. 이것은 결코 폄하하고 싶지 않다. 그러나 한편으로 가모프와 앨퍼의 계산에는 무수히 많은 문제가 있었다. 예를 들어 가모프와 앨퍼는 핵이 서로를 밀어내는 작용을 정확하게 고려하지 않았고, 그래서 핵융합에 관한 여러 비율을 실제보다 크게 추산했다. 더 중요하게는, 빅뱅에서 많은 양이 만들어질 수 있는 원소 종류는 중수소, 헬륨, 리튬 같은 일부 가벼운 원소들만 해당한다는 사실을 제대로 인식하지 못했던 것 같다. 초기 우주의 열은 너무 짧게 지속되어서 이보다 더 무거운 원소들이 만들어질 기회가 없었다.

논문이 발표되고 몇 년 안에 많은 물리학자가 이 문제를 확인해 바로잡았다. 상황이 정리되자, 빅뱅 동안 우리 우주에 있는 수소와 헬륨의 상당량은 만들어질 수 있을 것 같았다. 그러나 무거운 원소 대부분은 이런 식으로 형성될 수 없었고, 그 원소들의 기원은 여전히 별의 핵이어야 했다. 이런 이유로 항성 핵합성은 한동안 우세한 이론으로 살아남았다. 현재 우리는 우주에 존재하는 핵들이 사실상 이 두 메커니즘을 통해 형성되었다는 것을 안다. 주기율표에 올라와 있는 원소 대부분은 별 안에서 형성되었고, 일부 가벼운 원소들은 우리 우주의 역사 중 첫 몇 분 안에 압도적으로 많은 양이 생성되었다.

첫 핵이 형성된 원시 우주 시대를 지나는 동안, 우리 우주는 높은 열과 빛으로 채워져 있었다. 빅뱅 시기에 합성된 헬륨과 다른 원소들의 양은 같은 시기에 존재했던 빛알의 양과 밀접한 관련이 있다. 1950년대에 접어들자, 관측된 헬륨이 빅뱅 때 만들어진 것이라면 우리 우주의 에너지 대부분이 물질이 아닌 빛으로 구성되었던 시대—대략 빅뱅 후 첫 10만 년까지—가 반드시 있어야 한다는 사실이 분명하게 밝혀졌다. 우리 우주가 팽창하면서 빛알이 나르는 에너지는 우주론적 적색이동에 의해 서서히 줄어들었지만, 원시 빛알들은 우리 우주에서 사라지지 않았다. 이 빛의 알갱이들은 오늘날까지도 살아남았고, 현재는 우리 우주를 가득 채운 보이지 않는 마이크로파의 바다로서 존재하고 있다.

이러한 우주 복사는 먼 과거 우리 우주의 잔여물이며, 우리 주위 어디에나 있고 공간 전체에 스며들어 있다. 우주마이크로파배경이라고 하는 이 복사의 온도는 현재 2.728켈빈, 섭씨로는 약 -270도로 매우 낮은 온도까지 떨어져 있다. 그러나 이 복사가 항상 이렇게 차가웠던 것은 아니다. 138억 년 전 이 복사가 처음 발생해 빅뱅 후 대략 38만 년이 지났을 무렵에는, 복사의 온도가 약 3000도로 매우 뜨거웠다. 3000

도면 별의 표면 온도와 비슷하다. 오늘날 우리 우주는 차갑고 대부분 거의 텅 비어 있지만, 한때는 이 복사의 엄청난 열이 어린 우주를 완전히 점유하고 있었다. 우주 안 어느 곳도 텅 비지 않았다. 우주 안 어느 공간도 이 열에서 자유로울 수 없었다. 우주 안은 에너지와 열로 가득 채워져 있었다.

우리 우주는 팽창하면서 꾸준히 식었다. 그러나 온도 변화 중에서도 어떤 것은 특별한 의미가 있다. 예를 들어 액체 상태의 물은 냉각되면서 점진적으로 특성이 변한다. 이를테면 에너지를 잃어가는 과정에서 밀도는 서서히 증가한다. 그러다가 섭씨 0도에 도달하면, 물은 얼음이 된다. 우리 우주가 상대적으로 어렸던 빅뱅 후 38만 년 무렵에 이런 변환과 비슷한 현상이 일어났다. 그때 우리 우주의 온도는 처음으로 3000도 밑으로 떨어졌다. 3000도는 아무 온도가 아니라 열역학적으로 아주 중요한 의미를 띤 온도다. 3000도는 원자의 어는점이다.

사람들은 보통 낱개의 원자들이 얼 수도 있다는 생각은 잘 하지 않지만, 원자도 얼 수 있다. 학교 다닐 때 화학 시간에 원자나 분자의 결합으로 액체가 얼어서 고체를 형성하고, 결합이 풀리면 그 고체가 녹아서 액체와 기체가 될 수 있다는 것을 배운 기억이 있을 것이다. 그러나 지금 내가 이야기하려는 것은 이런 얼고 녹는 현상이 아니다. 원자들의 상호작용에 대한 이야기도 아니다. 내가 설명하려는 것은 낱개의 원자에 일어날 수 있는 현상이다.

빅뱅 후 첫 수십만 년 동안 양성자와 전자, 그리고 양성자와 중성자가 결합해 형성된 소량의 핵이 모든 공간을 채우고 있었다. 원자를 구성하는 성분은 이미 존재했지만, 아직 원자 자체는 없었다. 그러나 우리 우주가 냉각되면서 전자는 양성자 그리고 헬륨 핵과 결합하기 시작했고, 이로써 최초의 완전한 원자가 형성되었다. 이전까지는 우주가 너무 뜨거워서 원자가 살아남을 수 없었다. 온도가 수천 도 이상일 때에는 전자가 핵과 결합할 수 없고, 원자가 원자의 형태로 남아 있는 것이 불가능하다. 다시 말해 이 수천 도의 온도는 원자의 녹는점보다 높은 온도다.

관측 우주론 학자들에게 최초의 원자 형성은 우주 역사의 '핵심 사건'이다. 전자와 양성자가 결합해 원자가 되기 전까지 우주 전체는 전기적으로 대전된 입자들의 플라스마로 채워져 있었다.—이 플라스마는 빛에 대하여 거의 완전하게 불투명한 상태였다. 이런 까닭으로, 우리가 가진 망원경으로는 이 핵심 사건 이후에 발생한 빛만 관측할 수 있다. 망원경으로 그보다 더 이전의 시간을 들여다보는 것은 태양 표면 아래를 깊숙이 들여다보는 것만큼이나 어렵다.

첫 번째 원자들이 형성되면서, 불투명한 플라스마는 전기적으로 중성인 수소와 헬륨 원자의 기체로 변환했고, 이를 통해 빛은 상대적으로 편안하게 여행할 수 있게 되었다. 이러한 변환 직후에 존재했던 빛알 대부분은 그 이후로도 상호작용도 하지 않고 어디에 흡수되지도 않은 채로 지금까지도 우주 공간을 종횡무진 날아다니고 있다. 오늘날 우주론 학자들이 우주마이크로파배경을 연구한다고 하면, 바로 이 변환 과정에서 자유로워진 빛알들을 관측한다는 의미다. 그리고 이 빛은 우리 우주가 팽창하면서 서서히 차가워졌지만, 우주마이크로파배경을 구성하는 빛알들은 온도 말고는 빅뱅 후 38만 년 때의 그 빛알과 기본적으로 동일하다. 이 복사는 우주론 학자에게는 고생물학자의 화석과도 같다. 이 빛알의 성질을 연구함으로써 우리 우주의 역사와 과거에 대해 상당히 많은 것을 배울 수 있다.

차가운 우주배경복사는 지금도 우리를 에워싸고 있지만, 이것을 검출하고 연구하는 것은 과학자들에게는 또 다른 도전 과제다. 우리 눈에 보이는 빛과는 달리, 우주배경복사를 구성하는 빛알들은 에너지가 훨씬 더 적고 파장은 훨씬 더 길다. 일반인들에게 익숙한 광학 망원경이나 적외선 망원경은 빅뱅에서 살아남은 빛들을 검출하지 못한다. 1950년대와

60년대에 전파천문학 기술이 발달하면서, 우리 우주의 뜨거웠던 유년 시절이 남긴 유물을 엿보는 것이 비로소 가능해졌다. 그러나 최초의 공룡 해골 화석이 우연히 발견되었던 것처럼, 우주마이크로파배경도 우연히 포착되었다.

우주배경복사를 확인한 최초의 전파망원경은 사람들이 망원경을 떠올릴 때 상상하는 모양과는 별로 닮지 않았다. 홈델Holmdel 망원경—망원경이 설치된 지역인 뉴저지주 홈델의 이름에서 따온 것이다—은 긴 원통형 물체에 렌즈와 거울이 달린 구조가 아니라 기이한 모양의 15미터짜리 알루미늄 안테나다. 원래 홈델 망원경은 우주 연구용이 아니라 위성과 통신하려고 설계한 것이었다. 하지만 1960년대에 전파천문학자 아노 펜지어스Arno Penzias와 로버트 윌슨Robert Wilson은 이 망원경을 사용해 은하수 전반에서 방출되는 전파를 탐색하기로 했다. 그런데 하늘을 스캔하는 동안 안테나에 예상치 못한 지속적인 잡음이 계속 잡혔다. 망원경이 어디를 가리키든 하루 중 어느 때에 측정을 하든 관계없이, 이 고정적인 신호는 사라지지 않았다.

짐작했겠지만 이 성가신 신호는 평범한 잡음이 아니었다. 안테나에 잡힌 희미한 잡음은 다름 아닌 첫 번째 원자가 형성되었던 그 순간 이후 아무 방해도 받지 않고 우주 전반을 날아다니고 있던 바로 그 빛알들이었다. 펜지어스와 윌슨은 스스로 알지 못한 채로 우리 우주의 깊은 과거를 들여다보고 있었다. 그들은 빅뱅의 바로 그 빛을 목격했던 것이다.

펜지어스와 윌슨은 프린스턴대학교의 우주론 학자들과 대화를 나눈 후에야 자신들이 발견한 것이 얼마나 중요한지 깨달았다. 물론 이 신호와 초기 우주의 원자 형성과의 관련성을 모든 이가 처음부터 확신했던 것은 아니다. 1960년대에는 여전히 빅뱅 이론을 둘러싼 논란이 상당했고, 많은 과학자가 다른 우주론 모형을 선호했다. 예를 들어 일부 빅뱅 반대론자들은 펜지어스와 윌슨이 관측한 것은 우주가 뜨겁던 시절 방출된 우주 복사가 아니라 우주 전반에 퍼져 있는 수십억 개의 별들에서 산란된 빛이 축적된 것이라고 주장했다. 당시에는 누구의 말이 옳은지 알기 어려웠다. 당시의 과학자들에게 이 차가운 배경복사의 기원은 오리무중이었다.

이 문제는 우주배경복사에 관한 이론적 예측이 다소 '불확실'했다는 점 때문에 좀 더 복잡해졌다. 펜지어스와 윌슨은 몰랐지만, 이전의 물리학자들은 빅뱅 이후 공간 전체에 차가운 복사의 균일한 배경이 남겨졌을 것임을 이미 깨닫고 있었다. 그러나 이 배경이 가져야 하는 정확한 성질들에 대해서는 합의할 수 없었다. 조지 가모프, 랠프 앨퍼, 로버트 허먼Robert Herman, 로버트 디키Robert Dicke와 그 밖의 이론물리학자들은 모두 나름대로 우주 배경의 온도에 대한 추정치를 계산했다. 이 가운데 어떤 것은 상당히 좋았고, 어떤 것은 나중에 알고 보니 썩 좋지 않았다. 예를 들어 앨퍼와 허먼이 1948년 발표한 최초 추정치는 실제 값에 상당히 근접했었다.—그들은 복사의 온도가 절대영도보다 5도 정도 높을 것이라고 계산했다. 진짜 온도인 2.728도와 비교할 때 아주 정확해 보이지는 않더라도, 당시 우리 우주의 나이와 팽창률이 아주 정확하게 알려져 있지 않았다는 사실을 감안하면 이 정도의 불일치는 이해할 수 있는 수준이다. 이런 불확실성이 계산에 영향을 미쳤다면 5도라는 결과는 거의 정답에 가까운 값이다. 그러나 2년쯤 후에 같은 과학자들이 검산을 하면서 결괏값을 28도로 변경했다.—이 정도면 결코 '개선된 결과'라고는 할 수 없는 값이었다. 이와는 대조적으로, 가모프는 50도라는 다소 조악한 추정치에서 출발했으나, 1953년에는 7도, 1956년에는 6도로 추정하면서 시간이 갈수록 개선된 결과를 보여주었다. 그는 옳은 답에 천천히 다가서고 있었던 것 같지만, 모든 이가 동의하지는 않았다. 1960년대에도 이 문제를 연구하는 개인과 그룹들의 의견은 수렴되는 것 같지 않았고, 이 같은 상황은 관측된 배경복사와 빅뱅 사이의 관련성에 대한 확신을 쌓는 데 거의 도움이 되지 않았다. 빅뱅에서 나온 복사가 어떻게 생겼을지 합의도 이룰 수 없는 마당에 지금 망원경으로 들여다보는 것이 실제로 빅뱅에서 나온 복사라는 것을 어떻게 알겠는가?

그러나 결국 혼란은 종식되었다. 천문학자들이 이 복사 스펙트럼을 더 자세히 측정하고, 이론물리학자들이 예측에 대한 합의를 조금씩 이루어나가면서, 그들이 관측한 복사가 사실상 빅뱅 이론에서 예측했던 바로 그 우주 배경이라는 것이 점점 더 분명해졌다. 여기에 복사에서 측정된 성질들이 다른 모형들과 일치하지 않았던 점도 중요하게 작용했다. 10년 넘게 이러한 개선들이 축적되면서, 펜지어스와 윌슨이 본 것은 실제로 빅뱅의 흔적이었다는 합의로 이어졌다. 그리고 1978년, 두 사람은 최초로 우주배경복사를 발견한 공을 인정받아 노벨물리학상을 받았다. 이제 빅뱅은, 적어도 과학자들과 제대로 과학 교육을 받은 사람들에게는 더 이상 추측이나 논란거리로 여겨지지 않았다. 빅뱅 이론은 과학적 사실이라고 충분히 인정받을 만큼 성숙해졌다.

우주마이크로파배경을 탐지하면서 한때 우리 우주가 대단히 뜨겁고 조밀한 상태였고, 대전 입자들의 플라스마로 채워져 있었다는 사실이 확인되었다. 우리가 사는 세상은 빅뱅에서 튀어나온 것이었다. 그러나 이 놀라운 발견이 우리 우주의 기원을 이해하려는 모험의 종착지는 아니었다. 이것은 시작에 불과했다.

수십 년 동안 우주론 학자들은 펜지어스와 윌슨의 연구를 바탕으로 우리 우주에 대해 더 많은 것을 꾸준히 알아나갔다. 예를 들면, 하늘에 퍼져 있는 우주배경복사의 미묘한 온도 차이를 측정하고 분석함으로써 우리 우주의 기하를 놀라운 수준의 정확도로 측정할 수 있게 되었다. 현재 우리는 우주가 평평하다는 것을, 아니면 적어도 상당히 평평해서 곡률이 두드러지게 양 또는 음의 값을 가진 곳은 없다고 알고 있다. 온도 차이 측정과 거대 규모에서 은하와 은하단의 분포를 측정한 결과를 함께 고려하면, 우리 우주 안 물질의 평균 밀도를 3퍼센트대 정밀도—1세제곱미터당 3.3×10^{-24}그램이라는 아주 작은 값—, 그리고 빅뱅 이후 흐른 시간의 값을 0.2퍼센트대의 놀라운 정밀도로 계산할 수 있었다. 우리는 우리 우주가 시간에 따라 어떻게 팽창했는지 그리고 은하와 별들이 어떻게 형성되었는지 많은 것을 알게 되었다. 현대는 '정밀 우주론'의 시대라는 걸맞은 명칭을 얻었다.

그러나 이 모든 발전에도 불구하고 수많은 중요한 문제가 아직 답을 찾지 못한 채 남아 있다. 특히 우리 우주의 극초기 순간에 관한 문제가 그렇다. 예를 들어 우리는 원자를 구성하는 양성자와 중성자가 빅뱅의 뜨거운 열기 안에서 어떻게 살아남았는지 알지 못한다. 우리의 지식을 바탕으로 보면 양성자와 중성자는 원자로 만들어지기 훨씬 전에 소멸했어야 한다. 우리가 아직 이해하지 못한 어떤 일이 일어나서 양성자와 중성자의 소멸을 막아준 것이 틀림없다.

이 밖에도 현대의 우주론적 관측을 통해 찾은 답보다 더 많은 의문이 새롭게 제기되었다. 예를 들면, 과학자들은 우주배경복사의 관측 결과를 이용해 우리 우주 안의 양성자와 중성자, 그리고 다른 형태를 띤 물질의 양을 산출했고, 그 결과 전체 물질의 16퍼센트만이 양성자나 중성자, 또는 원자나 분자의 형태로 만들어졌다는 것을 알게 되었다. 그러니까 84퍼센트는 완전히 다른 무엇으로 만들어졌다는 이야기다. 이처럼 다른 물질이 존재한다는 사실은 중력을 통해 간접적으로 확인할 수 있다. 여러 관측을 통해 그 물질의 중력이 잡아당기는 증거가 목격되기 때문이다. 그럼에도 우리는 그것이 무엇인지, 초기 우주에서 그것이 어떻게 형성되었는지 알지 못한다. 마땅히 부를 만한 이름이 없는 상태에서, 현재는 이 알 수 없는 것을 암흑물질이라고 부른다. 그러나 이름을 붙여주는 것과 그것을 이해하는 것은 완전히 다른 문제다.

심지어 암흑물질로도 현대 우주론 학자들이 관측하는 내용을 전부 다 설명하지 못한다. 우주마이크로파배경과 우리 우주의 팽창률 측정 내용을 결합하면 완전히 새로운 미스터리가 등장한다. 수십 년 전, 우주론 학자들 사이에서는 우리 우주의 팽창률이 시간에 따라 느려질 것이라는 합의가 있었다. 그러나 1990년대 말 이후로 천문학자들은 정확히 그 반대의 결과를 관측해 보고하고 있다. 지난 수십억 년 동안 우리 우주는 점점 더 빠르게 팽창하고 있었던 것이다. 이 예상치 못한 관측 결과를 설명하기 위해, 우주론 학자들은 아인슈타인의 우주항을 다시 도입하는 것에서부터 일반상대성이론 자체를 고치는 것까지 대단히 급진적인 방안들을 고민하고 있다. 암흑물질과 마찬가지로, 지금 우리는 미스터리를 보고 있지만 아직 답은 찾지 못했다. 뿐만 아니라 우리 우주의 팽창률을 가속시키는 것이 무엇인지는 몰라도, 이 정도로 가속을 이끌어내려면 엄청난 양의 에너지가, 우리 우주에 있는 모든 물질이 지닌 에너지보다 더 많은 에너지가 필요하다. 이 에너지가 무엇인지, 왜 이 에너지가 존재하는지 이해하지 못하지만, 이것에도 일단 이름은 붙여두었다. 우리는 그것을 암흑에너지라고 부른다.

지난 세기를 거치며 우리는 우리 우주와 우주의 역사에 대해 많은 것을 배웠다. 그리고 해가 거듭될수록 더 많은 것을 배우고 있다. 그렇다 해도 이 세상의 탄생과 기원 자체는 거의 완전한 미스터리라고 보는 게 바람직한 것 같다. 그러나 미스터리가 없으면 발견도 있을 수 없다. 새로운 도구와 새로운 아이디어를 사용해, 우리는 이 미스터리를 풀고 우리 우주의 가장 첫 순간을 이해하기 위해 포기하지 않고 분투하고 있다.

수천 년 동안 인간은 우리 세상의 먼 과거와 먼 미래에 궁금증을 품고 질문을 던졌다. 우리 조상들이 던졌던 질문과 다르지 않은 것을 우리는 계속 던지고 있다. 그러나 우리가 조상들과 다른 점은, 인간으로서는 처음으로 이러한 의문에 실질적이고 신뢰할 만한 답을 도출할 능력이 있다는 점이다. 우리는 빅뱅을 최초로 목격한 사람들이다.

5장

원시 상태의 우주를 재현하다

거대 강입자 충돌기LHC는

지금까지 건설된 것 중 가장 강력한 망원경이다.

—존 엘리스 John Ellis

당신이 열대 섬에 산다고 상상해보자. 당신이 아는 사람들도 모두 이 섬에 와서 함께 살고 있다. 이 섬은 가장 추운 날에도 기온이 섭씨 10~12도 이하로는 떨어지지 않는다. 어느 방향으로 눈길을 돌려봐도 보이는 것은 바닷물뿐이다. 당신은 얼음을 한 번도 경험한 적이 없다.

당신이 사는 섬의 과학자들은 섬의 평균 기온이 서서히 그러나 꾸준히 올랐음을 발견했다. 그리고 이런 온도 상승이 한동안 계속됐던 것 같다. 그들은 수천 년 전 섬의 평균 기온이 섭씨 10도 수준에 머물렀고, 수만 년 전에는 종종 섭씨 영하 1도까지도 떨어졌다고 추정한다. 이 섬에 사는 사람들이 한 번도 경험해본 적 없는 추위다. 당신과 동료 주민들은 그렇게 추웠던 먼 과거는 과연 어떨지 궁금하다. 그러나 실제 추위를 경험해보지 않고도 그렇게 추운 날씨를 어떻게 알 수 있을까?

이 문제의 답을 찾기 위해 직접 더 추운 기후를 연구할 수 있는 먼 곳으로 배를 타고 나가도 된다. 그러나 냉장 기술을 발명해서 굳이 편안한 집을 떠나지 않고도 섬의 과거 상태와 비슷한 조건을 만들 수도 있다.

그런 기계가 어떤 결과를 가져올 수 있는지 상상해보자. 냉장고의 전원을 켜면, 섬 주민들은 이전에 한 번도 목격한 적 없는 조건의 자연을 관찰할 수 있고, 먼 과거를 발견할 수도 있고, 심지어 역사 이전의 조건을 재현할 수도 있을 것이다. 냉장고가 있으면 그들이 사는 섬을 에워싼 물이 단단하게 얼어 있던 시대에 대해 알 수 있다. 냉장고가 없었다면 상상조차 할 수 없는 그런 상태를 목격하는 것이다.

우리 우주의 가장 첫 순간을 이해하기 위해, 우리도 먼 과거의 물리적 조건을 재현해주는 기계를 사용한다. 이 기계들은 냉장고가 아니다. 사실 냉장고와는 정반대다. 우리는 입자 가속기를 사용해 빅뱅 후 1조분의 1초가 지난 극초기 때의 온도를 재현해 물질과 에너지가 어떻게 행동하는지 연구한다. 직접 시간을 거슬러 과거로 가 우주 역사의 첫 순간을 목격할 수 없으니 우리는 이곳 지구 위에 빅뱅의 축소판을 재현하는 것이다.

빅뱅 후 첫 순간 우리 우주에는 우리가 인식할 만한 것은 아무것도 없었다. 심지어 원자도 아직 존재하지 않았다. 그 대신 어마어마한 에너지를 가진 양자 입자들의 빽빽한 수프가 공간을 채우고 있었다. 일상의 사물, 이를테면 야구공이나 구슬을 생각할 때는 사물의 행동이나 접촉 후 일어날 일을 직관에 따라 가늠할 수 있다. 그러나 전자, 양성자, 쿼크, 그 밖의 양자 입자들에 관해서라면 직관이 그다지 도움이 되지 않는다. 때로는 심하게 우리를 배신하기도 한다. 이런 입자들은 자발적으로 생겨나고 자발적으로 붕괴할 수 있다. 야구공이나 구슬에는 절대로 일어나지 않을 일도 얼마든지 일어날 수 있다.

양자 입자들의 행동이 기이해 보이기는 해도, 그 성질이 반드시 미스터리일 필요는 없다. 우리 우주의 모든 것처럼 양자 입자도 물리 법칙을 따르며, 정확한 도구를 가지고 접근한다면 그 규칙을 배우고 이해할 수 있다. 입자 가속기는 물리학자들이 이러한 법칙을 발견하기 위해 사용하는 일차적인 도구다.

현재 세계에서 가장 뛰어난 입자 가속기는 거대 강입자 충돌기, 또는 줄여서 LHC라고 부르는 장치다. LHC는 그 자체로 현대의 경이다. LHC를 묘사할 때 동료들과 내가 느끼는 경외심을 적절하게 표현할 어휘를 고르기 어려울 때가 많다. 나는 독자 여러분에게 LHC의 거대함은 그냥 거대함이 아니라고 말하고 싶다. 그것은 거대함을 넘어 어마어마하고 엄청나다. 간단히 말해서 LHC는 인류가 지금까지 건설한 기계 중 가장 크고 가장 복잡하다. LHC는 지하에 매립한 27킬로미터 길이의 순환형 터널에서 양성자 빔을 추진시킨다. 이 터널은 스위스 제네바의 교외 지역을 넘어 바로 옆 프랑스까지 뻗어 있다. 입자들은 터널을 한 바퀴 돌아 여행하면서 1600개 이상의 강력한 초전도체 자석 묶음에 의해 가속을 받는다. 이 자석들도 보통 강력한 게 아니다. 지금까지 지구상에서 제작된 것 중에 가장 강력한 자석이다. 자석 대부분은 낱개의 무게가 수십 톤에 육박하고, 지구 자기장 세기의 10만 배가 넘는 자기장을 만들 수 있다. 이러한 자석을 작동시키려면 작동 온도를 절대 0도보다 겨우 1.9도 높은 상태로 유지해야 하는데, 그러려면 거의 100톤에 이르는 액체 헬륨을 꾸준히 공급해야 한다. 이로써 LHC는 세계에서 가장 차가운 극저온을 이용하는 환경이 된다. 현재 우주 안에 이렇게 거대하고 이렇게 차가운 영역이 있는지는 알려지지 않았다. 우주 공간의 진공도 여기에 비교하면 따뜻하다.

LHC의 초강력 자석들이, 터널을 따라 이동하는 양성자 빔을 가속하면, 이 입자들이 움직이는 속도는 빛의 속도의 99.999999퍼센트에 도달한다. 이는 인간이 가속할 수 있는 속도 가운데 가장 빠른 속도다. 양성자는 이 속도로 27킬로미터 터널을 초당 약 1만 1000회 회전한다. 이 양성자들은 다발로 무리를 지어 터널을 회전하는데, 한 다발의 빔에는 1000억 개 이상의 양성자가 들어 있다. 터널 주위에는 네 군데 충돌 지점이 지정되어 있고, 이 지점에서 양성자 빔은 서로 마주보도록 방향을 잡는다. 이렇게 해서 각각의 양성자-양성자 충돌에서 생기는 총에너지의 양을 최대치로 끌어올린다. 두 양성자가 충돌할 때마다 1만 3000기가전자볼트(GeV)라는 어마어마한 에너지가 한 순간 한 곳에 집중된다.

LHC의 네 군데 지정된 충돌 포인트에는 충돌에서 새로 생성되는 수많은 입자를 탐지하고 기록하도록 설계된 검출기가 설치되어 있다. 이러한 검출기 각각도 공학적으로 경이로운 존재다. 아틀라스ATLAS 검출기를 예로 들면, 46미터 길이에 무게는 7000톤에 육박하는, 21세기 물질과 전자회로의 집약체다. ATLAS 검출기는 단 한 번의 충돌에서 튀어나오는 10여 개 또는 수백 개의 빛알, 전자, 뮤온, 그리고 그 밖의 다른 입자들의 에너지와 운동량을 포착해 기록할 수 있다.

검출기 내부의 충돌 포인트를 통과하는 양성자들 중에서 극히 일부만이 다른 양성자와 충돌하지만, 그래도 초당 7억

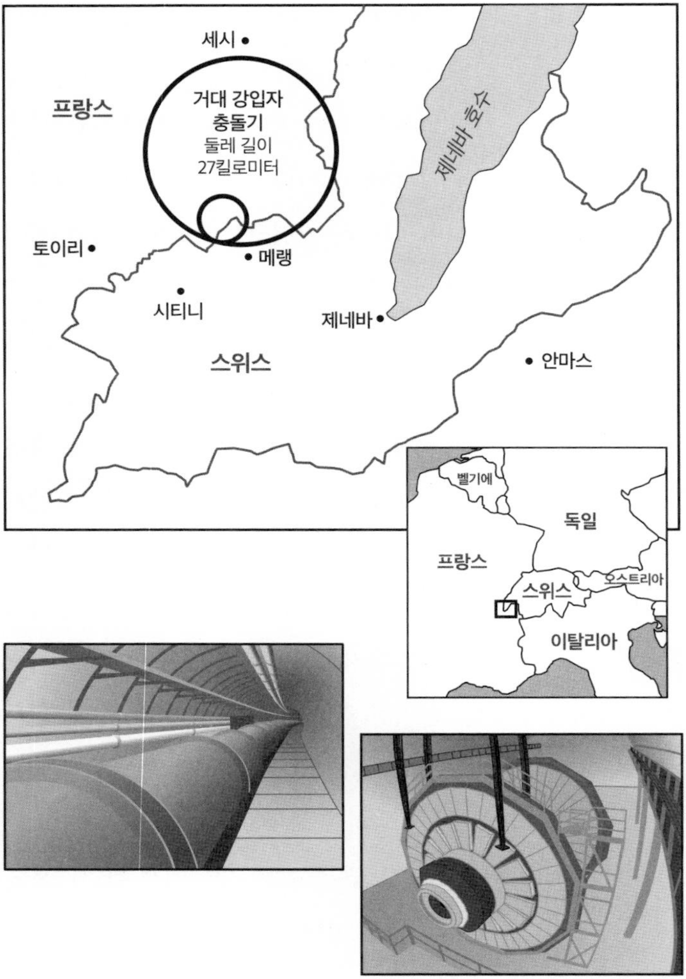

거대 강입자 충돌기는 27킬로미터 길이의 순환형 터널 안에서 양성자 빔을 추진시키며, 광속에 가까운 속도까지 입자들을 가속한다. 양성자들이 서로 충돌한 결과를 가지고, 물리학자들은 빅뱅 후 1조분의 1초가 지났을 때 발생한 상호작용을 연구할 수 있다.

회라는 놀라운 비율로 충돌이 발생한다. LHC의 검출기들이 이런 충돌을 빠짐없이 기록해 저장한다면 1초에 약 600테라바이트의 데이터를 처리해야 한다. 현재의 기술력으로는 이 정도 양의 데이터를 모두 다룰 능력이 없다. 이 문제를 해결하기 위해, LHC의 검출기는 고도의 세련된 알고리즘을 이용해 가장 희귀하고 흥미로운 충돌 데이터를 실시간으로 선별하고, 그런 다음 전체 데이터 중 중요한 일부 데이터만 보유해 저장한다. 최종 단계까지 고려하면 LHC가 가동되는 동안 1초마다 약 25기가바이트의 데이터가 영구적으로 저장되는데, 이를 모두 더하면 해마다 수십 또는 수백 페타바이트의 데이터가 쌓인다. 이 데이터는 이후 수백 대의 연산 설비 네트워크에 저장되어 30여 개 국가에 분배된다.

데이터를 받은 수천 명의 입자물리학자 군단에는 수많은 대학원생과 젊은 과학자가 포함돼 있는데, 이 데이터에 우리 우주와 우주의 물리 법칙을 더 깊이 이해할 열쇠가 있으리라는 희망을 안고 일제히 돌격해 낱낱이 조사한다. 그리고 이러한 조사 끝에 지금까지 알려지지 않은 완전히 새로운 형태의 물질을 발견하면, 가장 극적이고 화려한 결말을 맞이하리라. 2012년 힉스 보손의 발견이 그런 사례였다. 우리는 이런 발견을 위해 LHC를 건설한 것이다. 그렇지만 이 놀라운 기계는 가동을 멈추려면 아직 멀었다. 힉스 보손 이후로도 아마도 수십 년 안에, LHC에서 더 많은 입자가 새롭게 발견될 가능성은 충분하다.

그러나 새 입자의 발견만큼이나 중요한 것은 LHC 같은 장치를 이용해 기존 이론의 정확성을 검증하는 것이다. 지난 수십 년간, 입자물리학 분야는 표준 모형이라는 이론이 지배해왔다. 이 이론은 현재 알려진 17개의 기본 입자와 그 입자들 사이의 상호작용을 설명하고, 각 입자들의 행동과 상호작용에 관해 상세한 예측을 제시했다. 지금까지 이 이론의 예측이 거둔 성공은 그야말로 경이롭다. 전자의 자기 모멘트를 예로 들어보자. 전자의 자기 모멘트는 자기장에 대한 전자의 반응을 서술하는 값인데, 이 값을 측정해보니 표준 모형에서 예측한 값과 1조분의 1의 정확도로 일치했다. 이는 과학의 역사에서 가장 정확하게 예측된 수량이다. 이런 정확도라면 지구의 지름을 100분의 1밀리미터 오차로, 또는 에펠탑의 무게를 몇 밀리그램 오차로 성공적으로 예측하는 것과 비슷하다.

LHC의 물리학자들은 그들이 얻은 데이터와 표준 모형의 예측들을 수천 가지 방식으로 비교하고 수많은 테스트를 시행해왔다. 입자들의 생성, 붕괴, 상호작용 방식을 정확히 측정함으로써 표준 모형을 검증하고 그 예측이 옳은지 확인할 수 있다. 지금까지의 결과만 보면 표준 모형은 정확한 것 같다. 현재 검증할 수 있는 모든 측면에서 보면, 표준 모형은 수천 기가전자볼트라는 높은 에너지 상태에 있는 우주를 대단히 잘 설명하는 것 같다. 다시 말해 우주가 태어나서 1조분의 1초밖에 안 지났을 때, 그리고 온도는 10^{17}도에 달했을 때의 모습을 표준 모형이 잘 설명해주고 있다.

LHC에서 양성자 빔이 서로 마주보고 충돌할 때, 이 충돌은 초기 우주의 입자들 사이에서 반복적으로 발생했을 충돌과 매우 비슷하다. 이러한 고에너지 상호작용에 대한 연구를 통해 우리 우주 최초의 순간을 지배했던 물리 법칙에 대해 굉장히 많은 것을 배울 수 있다. 뿐만 아니라, LHC가 충돌 속도를 빠르게 할수록, 더 정확히 말해서 에너지가 높을수록 이 충돌은 빅뱅 자체의 조건에 더욱 가까이 접근한다. 예를 들어 최초의 원자핵이 형성되기 이전 시대—빅뱅 후 약 100분의 1초—에 우리 우주의 온도는 약 1000억 도였다. 이 온도의 양성자와 중성자는 초속 수천만 미터라는 어마어마한 속도, 또는 광속의 약 10퍼센트의 속도로 서로에게 달려든다. 1930년대와 1940년대의 물리학자들은 초창기 입자 가속기인 사이클로트론cyclotron을 사용해 양성자와 다른 입자들을 빠른 속도로 충돌시키면 무슨 일이 생기는지 연구하기 시작했다. 이런 장치들은 빅뱅 후 100분의 1초 무렵의 높은 온도에서 다양한 형태의 물질과 에너지의 행동을 알게 해주었다.

최초의 사이클로트론 이후 입자 가속기들이 점차 강력해지면서 훨씬 더 이른 시기에 존재했던 조건들, 빅뱅에 더욱 가까운 조건들을 재현하고 연구하는 것이 가능해졌다. LHC에서 가속되는 양성자들은 사이클로트론에서 다루었던 입자들보다 약 100만 배 더 많은 에너지를 나르고 있어 훨씬 더 먼 과거까지 거슬러 올라가게 해준다. LHC에서 일어나는 충돌에서는 굉장히 다양한 종류의 입자들이 창출될 수 있으며, 표준 모형으로 설명되는 17가지 형태의 물질과 에너지도 여기에 포함된다. 이들의 상호작용은 뜨겁고 조밀한 양자 입자의 수프 안에서 작용하며 초기 우주를 가득 채우고 있었다. 이때의 입자들은 서로 꾸준히 상호작용하면서 반복적으로 만들어지고 파괴되었다. 우리는 LHC에서 조성된 충돌을 연구함으로써 현재뿐 아니라 수십억 년 전, 심지어 빅뱅 후 1조분의 1초가 지난 순간 물질과 에너지의 행동과 성질을 배울 수 있다.

우주 역사의 첫 순간을 말할 때 당시 우주 공간 전체를 채웠던 물질의 특이한 형태에 대해 말하지 않고 넘어갈 수 없다. 우주의 첫 순간을 이해하려면 우주 역사 전반에 걸쳐 존재해온 양자 입자들에 대해 어느 정도는 알 필요가 있다.

일단 간단한 것을 상상하는 것부터 시작해보자. 단단한 상자 안에 전자들이 들어 있다. 이 상자는 완벽하게 차단되어 전자도 전혀 탈출할 수 없고, 에너지든 뭐든 상자 안으로 들어갈 수도 밖으로 나올 수도 없다. 이 상자 안에 야구공 같은 일상의 사물이 담겼다면, 상자 안에 든 물건의 개수가 변함없이 그대로 있으리라고 확신할 수 있을 것이다. 상자 안의 공은 이리저리 튕기면서 에너지와 운동량을 재분배할 수 있을 테지만, 야구공 열 개가 든 상자는 언제까지나 야구공 열 개가 든 상자일 것이다.

그러나 전자는 야구공이 아니다. 야구공 같은 사물에 대한 우리의 직관은 수백만 년에 걸친 자연 선택의 결과로 발달했고, 여기에는 우리 자신의 축적된 경험도 포함돼 있다. 물리학 수업을 한 번도 듣지 않은 사람이라도, 공이 배트에 맞아 우측 필드로 날아가는 것을 보면 어디쯤 떨어질지 언제쯤 바닥에 닿을지 제법 괜찮게 추측할 수 있다. 우리의 물리적 직관은 강력하다. 그러나 그런 직관이 전자나 다른 양자 입자들의 행동을 이해하는 데 도움을 줄 거라는 근거는 없다. 우리의 선조들은 전자로 사냥을 한 적도 없고, 우리는 어릴 때 쿼크를 가지고 놀아본 적이 없다. 신뢰할 만한 직관이 없다 보니, 양자 입자들은 우리 눈에 매우 기이하게 보일 수 있다. 양자 입자들이 우리의 예상대로 행동하는 경우는 매우 드물다.

우리의 직관은 낮은 온도의 전자가 든 상자들을 상상할 때

그나마—적어도 최악은 면한 수준으로—쓸 만하다. 이 경우 상자 안에 든 전자의 총개수는 처음과 같은 상태로 남아 있을 것이다. 그러므로 적어도 이 경우에 한해서는 우리의 직관이 옳다. 그러나 낮은 온도에서도 전자는 복사를 하고 새로운 빛의 입자, 즉 빛알을 생성할 수 있다. 그러므로 처음에 전자만 들어 있던 상자는 시간이 흐르면서 전자와 빛알이 담긴 상자로 진화할 것이다.

이때 전자의 개수가 변함없이 남아 있는 것은 각 전자가 전기 전하를 가지고 있기 때문이다. 우리가 아는 한 전기 전하는 결코 새로 창조되거나 파괴되지 않는다. 만일 상자에 담긴 전자의 개수가 늘거나 줄어들면 전체적인 전기 전하의 양도 함께 변화한다. 반면 빛알은 전기 전하를 나르지 않으므로 자유롭게 창조되거나 파괴될 수 있다.

상자 안의 온도가 더 높으면 입자들도 더 많은 에너지를 갖게 된다. 그러면 상황이 다소 재미있어진다. 아인슈타인의 방정식 $E=mc^2$에 따르면, 충분한 에너지를 가진 두 빛알이 충돌해 에너지를 질량으로 변환시키고 완전히 새로운 물질 입자를 만들어낼 수 있다. 그런 충돌에서는 입사된 빛알은 사라지고 새로운 입자 한 쌍으로 대체될 수 있다. 예를 들면 전자와, 전자의 반물질 짝꿍인 반전자로 바뀌는 식이다. 이는 마치 구슬 두 개가 충돌해서 갑자기 사라지고는 야구공

두 개로 대체되는 것과 비슷하다. 비유를 제대로 완성시키자면 야구공과 반anti-야구공으로 대체된다고 말해도 좋겠다.

양전자는 거의 모든 측면에서 전자와 대단히 비슷하다. 양전자는 전자와 질량도 같고 같은 양의 전기 전하도 나른다. 다만 전자는 음의 전기 전하를 가진 반면, 양전자의 전기 전하는 양전하라는 것만 다를 뿐이다. 자연의 모든 입자는 이렇게 질량은 같지만 전기 전하나 다른 양자 성질이 반대의 값을 가진 반물질 짝꿍이 있다. 양성자의 반물질 짝꿍은 반양성자이고, 뮤온의 짝꿍은 반뮤온이다. 반물질 짝꿍을 갖지 않은 유일한 예외는 부호를 바꿀 양자 성질을 갖지 않은 입자들이다. 예를 들어 빛알은 전기 전하나 그런 양자적 성질이 없다. 이런 이유로 빛알의 반물질 짝꿍은 그냥 빛알이다.

그래서 높은 온도의 상자 안에서는 빛알의 개수뿐 아니라 전자와 양전자의 개수도 바뀔 수 있다. 전하량 보존이 지켜지려면 전자 개수 '빼기' 양전자 개수의 결과만 변하지 않으면 된다. 다시 말해 전자는 자유롭게 창조되거나 파괴될 수 있는데, 여기에 맞춰 양전자도 함께 창조되거나 파괴되어야 한다. 전자와 양전자만 그런 것이 아니다. 상자의 온도를 더 높이면 뮤온과 반뮤온 짝부터 힉스 보손과 꼭대기 쿼크에 이르기까지 다양한 종류의 입자들도 창조되기 시작할 것이다.

양자 입자들이 시간 흐름에 따라 어떻게 변화할지 이해하려면 양자 입자들의 상호작용을 이해해야 한다. 야구공 두 개가 충돌하면 서로에게서 튕겨 나가고, 야구공은 그대로 야구공이다. 이에 반해 빛알 두 개가 충돌하면 빛알이 두 개 튀어나올 수도 있고, 세 개 또는 열여섯 개가 나올 수도 있다. 충돌하는 빛알이 에너지를 충분히 가지고 있다면 다른 형태의 입자로 변환할 수 있고, 전자와 반전자부터 시작해 그 이상도 나올 수 있다. 양자 입자들은 일상 사물처럼 행동하지 않는다. 양자 입자들은 우리의 직관과는 완전히 다른 규칙을 따른다. 그러나 어쨌든 규칙은 있다. 우리는 입자 가속기를 건설하고 여러 실험을 진행하면서 광범위한 온도와 조건에 적용할 수 있는 이런 규칙을 많이 찾아냈다. 이와 같은 정보로부터, 우리가 우주라고 부르는 상자 안에서 시간에 따라 공간이 팽창하고 냉각되는 동안 입자들이 어떻게 행동하고 변환되었는지 재구성할 수 있었다.

빅뱅 후 1조분의 1초가 지나고, 우주 전체는 상상할 수 없을 만큼 뜨겁고 조밀한 에너지 플라스마로 채워져 있었다. 공간 전체의 온도는 10^{16}도 이상이었다. 이는 태양의 핵보다 10억 배 이상 뜨거운 것이다. 이런 조건은 오늘날 우리 우주 어느 곳에서도 찾아볼 수 없지만, LHC에서는 정확히 이런 조건을 조성해 연구할 수 있다.

그렇다면 LHC가 설명하는 빅뱅 후 1조분의 1초가 지난 원시 상태의 우리 우주는 어떤 모습이었는가? 먼저, 알려져 있는 모든 형태의 에너지와 물질이—표준 모형의 모든 입자와 반물질까지 포함해서—대단히 풍부하게 존재했다. 여기에는 빛알과 전자뿐만 아니라, 상대적으로 덜 유명한 입자종도 무수히 포함된다. 예를 들어 뮤온과 타우처럼 전자와 유사한 입자들이 존재하는데, 이들은 더 무겁고 대단히 불안정

		질량	전기 전하	색 전하
렙톤	전자	$0.0054m_{\text{양성자}}$		
	뮤온	$0.11m_{\text{양성자}}$	○	×
	타우	$1.9m_{\text{양성자}}$		
	전자 중성미자	$< 10^{-10}m_{\text{양성자}}$		
	뮤온 중성미자	$< 10^{-10}m_{\text{양성자}}$	×	×
	타우 중성미자	$< 10^{-10}m_{\text{양성자}}$		
쿼크	위	$0.002m_{\text{양성자}}$		
	아래	$0.005m_{\text{양성자}}$		
	기묘	$0.10m_{\text{양성자}}$	○	○
	맵시	$1.4m_{\text{양성자}}$		
	바닥	$4.5m_{\text{양성자}}$		
	꼭대기	$185m_{\text{양성자}}$		
보손	빛알	0	×	×
	글루온	0	×	○
	W 보손	$86m_{\text{양성자}}$	○	×
	Z 보손	$97m_{\text{양성자}}$	×	×
	힉스 보손	$133m_{\text{양성자}}$	×	×

입자 물리학의 표준 모형을 구성하는 17개 물질과 에너지의 기본 형태.

하다. 여기에 더하여, 매우 가볍고 전기적으로는 중성인 중성미자가 있다. 이 중성미자는 세 종류가 있고, 전자, 뮤온, 타우와 함께 렙톤으로 분류된다. 여섯 개의 렙톤은 여섯 개의 다른 입자 그룹, 즉 쿼크와 거울상이다. 쿼크는 전기 전하 그리고 "색"이라고 불리는 전하를 나른다. 그러나 색 전하의 색은 우리가 흔히 말하는 색깔과는 아무 관계가 없다. 입자들은 전기 전하 때문에 전자기력의 효과를 느끼게 되고, 색 전하 때문에 강한핵력을 경험하게 된다. 강한핵력은 쿼크를 한데 묶어 양성자와 중성자를 형성하게 하고, 양성자와 중성자를 원자핵 안에서 하나로 묶어주는 힘이다.

한때 공간 전체를 채웠던 대단히 뜨거운 원시 상태의 플라스마에는 렙톤과 쿼크, 그리고 알려진 다른 모든 입자종이 포함되어 있었는데, 놀랄 만한 양이었다. 이 플라스마의 에너지 밀도는 1세제곱미터당 10^{36}킬로그램 이상이었다. 이 정도로 높은 밀도를 얻으려면 태양 전체를 구슬 한 알 크기로 압축해야 하고, 지구를 지름이 10분의 1밀리미터인 구 안에 압축해 넣어야 한다. 이렇게 극도로 뜨겁고 밀도가 높은 상황에서, 입자들은 끊임없이 서로를 향해 돌진하고 충돌한다. 이런 상호작용 가운데 일부는 두 입자가 부딪혀 서로에게서 튕겨져 나가는 단순한 충돌이다. 그러나 다른 수많은 경우, 입사한 입자들은 파괴되어 다른 형태의 에너지로 변환한다.

우주 초기 시대에는 이런 작용이 굉장히 자주 일어나서 입자들이 오랫동안 살아남지 못했다. 심지어 10조분의 1초보다 짧은 시간에, 입자 하나가 가진 에너지의 형태가 수십조 회가 넘게 바뀌기도 했다. 전자 형태의 에너지가 빛알로 바뀌고, 그런 다음 힉스 보손으로 바뀌고, 그런 다음 꼭대기 쿼크로 바뀌고, 이런 식으로 계속 바뀌는 것이다. 이 시대에 영원한 것은 없었다. 모든 것이 순식간에 바뀌었고, 덧없이 흘러갔다.

우주 역사의 첫 순간에, 공간은 충격적인 속도로 팽창하고 있었다. 빅뱅 후 1조분의 1초와 10억분의 1초 사이에 우리 우주의 부피는 대략 3만 배 크기로 늘어났고 온도는 약 30분의 1로 떨어졌다. 눈 깜빡하는 순간보다도 훨씬 더 짧은 찰나의 시간에 모든 것이 바뀌었다. 공간 자체도 연속적이고 맹렬한 변화 속에 있었다.

공간이 팽창하고 냉각되면서, 일부 입자들이 우리 우주에서 사라지기 시작했다. 알려진 입자들 중 이 시기에 처음으로 사라진 입자는 꼭대기 쿼크다. 이 입자는 지금 내가 소속되어 연구하고 있는 페르미 국립가속기연구소Fermi National Accelerator Laboratory에서 1995년에 발견되었다. 꼭대기 쿼크는 우리가 아는 모든 기본 입자 가운데 가장 무겁다. 꼭대기 쿼크 하나의 질량이 양성자 질량의 약 185배이고, 전자와 비교하면 36만 배에 이른다. 빅뱅 후 1조분의 1초 때에는 충돌하는 입자들이 꼭대기 쿼크와 반-꼭대기 쿼크로 변환할 만큼 충분한 에너지가 있었다. 그러나 불과 100조분의 1초가 흐르고 온도가 낮아지자, 새롭게 생성되는 꼭대기 쿼크보다 사라지는 꼭대기 쿼크가 더 많아졌다. 빅뱅 후 10억분의 1초가 지났을 때는 꼭대기 쿼크, 힉스 보손, Z 보손, W 보손 같은 입자가 우리 우주 전반에서 찾아보기 어려울 만큼 희귀해졌다.

시간은 흐르고, 우리 우주 전반에 퍼져 있던 합성 입자들은 계속 변화하고 진화했다. 변화의 시작은 매우 무거운 물질들의 실종이었고, 곧 다른 변화들도 뒤를 이었다. 예를 들어 이 무렵에 쿼크와 글루온은 자유 입자였다. 다시 말해 쿼크 또는 글루온이 혼자서 공간 속을 움직여 다녔고, 다른 입자처럼 다른 형태의 물질이나 에너지와 상호작용을 했다는 뜻이다. 그러나 빅뱅 후 약 1000만분의 1초가 지나자, 이 입자들은 거부할 수 없는 힘에 붙들려 서로에게 끌려가기 시작했다. 자유 쿼크의 시대는 종말을 맞이했다. 몇분의 1밀리초만에 쿼크와 글루온은 모두 서로 묶여 작은 집단을 형성했고, 양성자, 중성자, 파이온 같은 합성 입자들을 구성했다.

자유로운 쿼크와 글루온의 플라스마에서부터 통통 튕기는 입자들의 가스로 이어지는 전이는 대단히 드라마틱했고, 그 결과 우리 우주는 몰라보게 달라졌다. 초기 우주의 다른 여러 시대와 마찬가지로, 이 전이에 대한 것도 대부분은 입자 가속기를 통해 알게 된 것이다. 초기 우주의 쿼크-글루온 플라스마 조건을 재현하기 위해, 물리학자들은 일반적으로 양성자 대신 납이나 금 같은 거대 원자핵을 가속해 충돌시킨다. 이런 거대 핵을 사용함으로써 수백 개의 양성자와 중성자를 동시에 충돌시켜 효율을 높일 수 있으며, 그 결과 믿기지 않을 만큼 높은 밀도의 입자와 에너지로 채워진 미니 화구fireball를 만들 수 있다. LHC도 뉴욕의 상대론적 중이온 충돌기Relativistic Heavy Ion Collider와 마찬가지로 쿼크-글루온 플라스마로 채워진 작은 화구를 생성할 능력을 갖추고 있다. 이 화구의 내부 온도는 대략 40조 도에 달한다. 빅뱅 후 겨우 200분의 1밀리초가 지났을 때 우리 우주 전체의 온도와 비슷한 온도다.

우리는 가속기 실험을 통해 초기 우주의 물질과 에너지의 행동에 대해 굉장히 많은 것을 배웠다. 그리고 실험 결과를 해석하여 빅뱅 후 1조분의 1초까지 거슬러 올라가 수많은 사건을 배열해 우주 연대기를 그려냈다. 그러나 이 실험들은 유용성과 함께 한계도 가지고 있다. 초기 우주에서는 우리가 아직 모르는 중대한 사건들이 일어났을 수도 있다. 이 사건들은 LHC의 사각지대에 숨어 있다. 우리가 아직 발견하지 못한 형태의 물질과 에너지가 빅뱅 후 첫 순간에는 굉장히 흔한 것이었을 수 있다. 가속기는 우리에게 초기 우주에 대해 많은 것을 가르쳐줄 수 있고 또 가르쳐주었다. 그러나 가속기가 모든 이야기를 남김없이 들려주는 것은 아니다.

LHC는 엄청난 에너지로 입자들을 충돌시킨다. 그런 측면에서 보면 LHC에서는 초기 우주의 여러 조건을 실제로 재현해낸다. 그러나 극초기 시대의 우주에는 LHC에서 조성하는 환경이 흉내조차 내지 못하는 어떤 것이 있었다. LHC의 한계는 아마도 우리가 LHC에서 연구할 수 있는 충돌 횟수가 상대적으로 대단하지는 않은 수준이라는 사실과 관련이 있을 것이다.

이 맥락에서 "대단하지 않다"라는 표현이 어색할 수 있다는 점을 인정한다. 지금 우리는 초당 7억 개, 하루 동안 약 1경—약 10^{16}—쌍 이상의 양성자를 충돌시키는 기계에 대해 말하고 있지 않은가? 어느 모로 따져봐도 이것은 "대단하지 않은" 수준이 아니다. 그러나 초기 우주 입자들의 충돌 횟수와 비교하면 이는 절대적으로 적은 수치다.

빅뱅 후 1조분의 1초 때 우리 우주에 존재했던 전자 하나를 상상해보자. 이 시대의 조건 아래에서는, 이 전자는 평균 10^{-30}초 정도에 한 번씩 다른 입자와 상호작용을 하고, 이를 통해 다른 입자는 또 다른 종류의 입자로 변환될 것이다.

이 새로운 입자는 또 10^{-30}초가 지나면 다시 상호작용과 변환을 거치고, 이런 과정이 계속된다. 이 속도라면 불과 1조분의 1초 안에 입자 하나가 10^{18}번의 상호작용을 겪게 된다. LHC에서 일어나는 충돌을 모두 합친 것보다도 더 많은 수치다. 이 말은 초기 우주에서 빈번하게 일어났을 상호작용을 LHC에서는 절대 목격하지 못할 가능성이 높다는 뜻이다. 그 상호작용이 우리 우주의 모양을 형성하는 데 중요한 역할을 했을 수도 있고, 한때 존재했던 물질과 에너지 형태에 영향을 미쳤을 수도 있고, 공간 자체가 팽창하고 진화하는 데 잠재적인 영향을 미쳤을 수도 있다.

전자부터 힉스 보손에 이르기까지, 모든 형태의 물질과 에너지는 우리 우주의 역사에 영향을 미쳤다. 알려진 입자들 중 어느 하나라도 존재하지 않았다면 우리 우주는 완전히 다른 형태로 팽창하고 진화했을 것이며, 특히 빅뱅 이후 첫 순간은 완전히 달랐을 것이다. 반면 우리가 아직 발견하지 '못한' 입자가 존재한다면, 이 입자도 거의 틀림없이 우리 우주의 첫 순간에 영향을 미쳤다. 이런 이유로, 우주론 학자들은 종종 새로운 유형의 입자를 상상하고—제안하거나 가설을 세우고—이 입자가 우리 우주에 미쳤을 영향을 탐구한다.

우리도 한번, 알려지지 않은 어떤 입자가 존재한다고 상상해보자. 이 입자는 LHC나 다른 어떤 실험에서도 검출된 적이 없다. 먼저 이 새 입자에 이름을 지어주는 것이 좋겠다. 이 입자를 '미스테리온'이라고 부르자. 우리는 가속기 실험을 통해 입자들이 서로 충돌하면 다른 형태의 물질, 즉 쿼크, 빛알, 중성미자 같은 것으로 변환될 수 있다는 것을 안다. 미스테리온도 다른 입자들과 어떤 상호작용을 하는지에 따라, 입자들의 충돌 과정에서 적은 양이나마 생성될 수 있다. 그러나 미스테리온이 LHC에서 검출되지 않으려면 미스테리온의 생성으로 이어지는 상호작용이 대단히 드물게 일어나야 한다. 이를테면 LHC에서 첫 미스테리온이 만들어지기까지 수백 년이 걸릴 수도 있다. 그러나 그 상호작용이 초기 우주에서는 동시다발적으로 일어났을 것이다. 그리고 그런 모든 상호작용으로 일부 소량의 우주 에너지는 점점 늘어나는 미스테리온으로 바뀌었을 것이다.

미스테리온이라는 새로운 입자가 우리가 이미 아는 입자와 비슷하다면, 초기 우주 시대의 미스테리온은 주위 입자들과 반복적으로 상호작용을 하면서 재빠르게 평형 상태에 도달해 생성 속도와 파괴되는 속도가 같아질 것이다. 그러나 미스테리온을 만들어내는 상호작용은 대단히 드물게 일어나므로, 미스테리온과 다른 알려진 물질과의 상호작용 역시 매우 드물게 일어날 것이다. 따라서 미스테리온은 꾸준히, 연속적으로 입자와 상호작용을 하는 플라스마의 일부가 아니라, 주위에 있는 물질이나 에너지와는 상호작용을 거의 하지 않고 유령처럼 공간을 누비고 다니는 식으로 행동했을 가능성이 높다.

표준 모형에는 유령처럼 행동하는 입자가 셋 있다. 세 종류의 중성미자들이다. 매일 매초 대략 100조 개 이상의 중성미자가 우리 몸을 그대로 통과해 지나가는데, 이중 대부분은 태양에서 핵융합 부산물로 만들어진 것이다. 이 극도로 가벼운 입자는 우리 몸을 통과해 지나가면서도 건강에 아무런 영향을 미치지 않는다. 그 이유는 중성미자가 상호작용을 거의 하지 않기 때문이다. 사실 중성미자는 별다른 효과를 보이지 않고도 지구 전체를 그대로 통과할 수도 있다. 중성미자에게 있어 물질이란 존재하지 않는 것이나 마찬가지다.

그러나 항상 그랬던 것은 아니다. 우주가 아주 어리고 아주 뜨거웠던 시절에는 공간 전체에 중성미자가 매우 풍부하게 존재했고, 우리가 아는 수많은 입자와 비교적 자주 상호작용을 했다. 그때의 중성미자가 지금의 중성미자와 크게 다르진 않지만, 그때는 중성미자가 상호작용할 수 있는 입자의 밀도가 상상도 못할 만큼 높았다. 그때나 지금이나 대부분의 중성미자들은 지구 정도 크기의 물질은 상호작용을 하지 않고 그대로 통과할 수 있다. 그러나 빅뱅 후 10억분의 1초가 지났을 때 우주의 밀도는 대단히 높았고, 지구의 질량 에너지와 거의 동일한 양이 1세제곱센티미터 안에 들어 있었다. 이 정도로 밀도가 높으면 아무리 중성미자라 해도 주위를 에워싼 입자들과 끊임없이 충돌하게 된다.

그러나 우주가 팽창하고 밀도가 감소하면서 중성미자들이 주위의 물질이나 에너지와 상호작용을 하는 경우는 점점 드물어졌다. 결국 빅뱅 후 1초가 지났을 무렵, 중성미자와 주위 물질이나 에너지와의 관계는 끝나고 말았다. 이 시점 이후로 중성미자는 주위 물질과 에너지에는 무심하게, 아무 반응 없이 지나다니며 공간을 자유로이 날아다닐 수 있게 되었다. 우주가 138억 년에 걸쳐 팽창하면서 중성미자들은 꾸준히 냉각되며 자유로이 공간을 날아다녔지만, 별다른 일은 없었다. 그리고 우주마이크로파배경의 형태로 빛알이 우주 전체를 가득 채우고 있는 것처럼, 중성미자의 바다도 공간을 가득 메우고 있다. 그러나 우주마이크로파배경이 빅뱅 후 38만 년이 되었을 때 형성된 반면, 중성미자는 그보다 훨씬 전인 우리 우주가 태어나고 겨우 1초가 지난 순간부터 공간을 종횡무진 날아다니고 있었다.

이제 다시 우리의 상상 속 입자인 미스테리온으로 돌아가 보자. 만일 미스테리온이 중성미자처럼 안정적이라면 오늘날까지 살아남아 우리 모두를 에워싸고 공간 전체를 채우고 있을 것이다. 그리고 만일 미스테리온이 무거운 입자라면, 우리 우주에 존재하는 암흑물질의 일부 또는 전부를 구성하고 있을 것이다. 반면 가벼운 입자라면 빛알과 중성미자로 이루어진 배경과 함께 우리 우주의 또 다른 우주 배경을 형성하고 있을 수도 있다. 오늘날에는 이런 유의 우주 배경들이 우주의 진화에 거의 영향을 미치고 있지 않지만, 항상 그랬던 것은 아니다. 일반상대성이론에서 유도된 방정식들에 따르면, 공간 안에 에너지가 더 많이 존재할수록 공간은 더 빠르게 팽창한다. 가벼운 미스테리온이 어느 정도 빅뱅에서 살아남았다면, 이 입자에 저장된 에너지가 우리의 기대보다 더 빠르게 우주를 팽창시켰을 것이고, 특히 우주 역사에서 첫 10만 년 동안 그 효과가 두드러졌을 것이다.

우리 우주의 첫 10만 년 동안 미스테리온 같은 입자가 존재했는지 여부를 확인하기 위해, 우주론 학자들은 우주마이크로파배경의 특성을 상세히 측정하고 연구한다. 이 빛의 패턴 안에 담긴 정보는 첫 수십만 년 동안의 우주의 팽창 속도를 알아내는 데 사용될 수 있으며, 이에 따라 빛알, 중성미자, 그 밖의 가볍거나 빠른 입자의 형태로 존재했던 에너지의 양이 얼마나 되는지 간접적으로 측정한다. 가장 최근에 높은 정확도로 측정했을 때, 이런 입자들의 총에너지가 빛알과 중성미자의 형태만으로 존재할 것으로 예상했던 수치와

5퍼센트 내외의 차이로 상당히 근접하다고 나타났다. 다시 말해 이 시대에 미스테리온이 존재했다고 해도 전체 에너지에는 별로 영향을 미치지 못했다.

이 글을 쓰는 동안에도, 관측 우주론 학자들은 우주마이크로파배경을 한층 더 자세히 측정할 새로운 실험 장치를 설계하고 건설하는 데 힘을 기울이고 있다. 현재로서는 그들의 노력을 통해 측정의 정확도가 10배가량 개선될 수 있으리라고 본다. 그러니까 우주의 에너지 밀도에 기여하는 알려지지 않은 가볍거나 빠른 입자들이 없다면, 이 실험에서 측정될 값은 빛알과 중성미자만 가지고 예측되는 값과 0.5퍼센트 내외로 근접할 것이라는 의미다. 반대로 미스테리온 같은 입자가 실제로 존재한다면—그리고 LHC의 사각지대에 숨어 있어 우리가 발견하지 못한 것이라면—앞으로 관측은 우주의 진화와 역사에 그런 입자들이 미쳤을 미묘한 영향을 검출하는 좋은 기회가 될 것이다.

LHC와 그 밖의 입자 가속기들은 우리 우주의 초기 역사에 대해 많은 것을 가르쳐주었다. 그러나 빅뱅 후 첫 순간에 공간 전체를 채웠던 물질과 에너지의 형태에 대해 우리가 알고자 하는 모든 것을 알려주지는 않는다. 무엇보다도 우리 우주의 첫 1조분의 1초에 대해 알아내기에 LHC는 역부족이다. 더 크고 강력한 가속기가 있어야 이 첫 순간을 탐색할 수 있을 것이다. 또 LHC는 여러 측면에서 상당히 유용한 정보를 제공하긴 했어도, 암흑물질의 본질에 관한 문제나 우리 우주에 물질은 많고 반물질은 거의 없는 미스터리는 여전히 해결하지 못했다. 암흑에너지와 급팽창의 퍼즐은 LHC가 처음 가동했던 그때만큼이나 당혹스러운 문제로 남아 있다. 이러한 우주의 미스터리와 마주한 우리는 새 가속기와 새 망원경을 건설하고 가동시키며 더 먼 과거로 거슬러 가서 우주 역사의 첫 순간들을 더 깊이 들여다보려 한다.

6장

물질과 반물질의 미스터리

나는 (……) 원자의 우주, 우주 안의 원자다.

—리처드 파인먼 Richard Feynmann

지난 수십 년이 흐르는 사이, 우주론 학자들은 우리 우주의 에너지 대부분이 암흑물질과 암흑에너지의 형태로 되어 있다는 사실을 발견했다. 그러나 이런 물질은 우리가 일상에서 경험하는 세상과는 별 관계가 없다. 우리는 암흑물질을 만질 수도 없고, 암흑에너지를 볼 수도 없다. 바로 접할 방법은 없다. 그리고 우리를 구성하고 있는 물질은 이런 신비로운 재질이 아니다. 우리가 직접 경험할 수 있는 모든 것을 구성하는 단 하나의 성분은, 원자다.

원자에 대해 알려진 내용의 상당 부분은 화학의 영역에 속하지만, 우주론 학자들도 물질의 기본 블록인 원자에 대해 고찰하며 상당한 시간을 보낸다. 그러나 화학자들이 원자의 행동 그리고 분자를 형성하는 원자 간 결합을 주로 연구한다면, 우주론 학자들은 원자가 애초에 어떻게, 왜 이 세상에 존재하게 되었나를 더 많이 고민한다. 결과만 놓고 보면 우리 우주와 관련된 의문들 중 원자의 기본 성분인 쿼크와 전자가 존재하게 된 원인과 과정보다 더 당혹스러운 것은 별로 없다.

우주론 교과서에는 빅뱅 후 첫 순간에 탄생한 쿼크와 전자를 설명하는 장이 하나 이상 있다. 얼핏 보면 계산도 상당히 단순해 보인다. 초기 우주 안에 있던 쿼크의 양을 계산하는 법과, 우주가 팽창하고 냉각됨에 따라 이 양이 어떻게 변화했는지 계산하는 법은 잘 알려져 있다. 또 쿼크 세 개가 합쳐져 최초의 양성자와 중성자가 언제 형성되었는지도 계산을 통해 알아낼 수 있다. 크게 어려운 문제는 아니다.

그렇지만 역시 어렵다. 이 계산들을 직접 해보면, 빅뱅으로부터 지금의 우리 우주처럼 원자가 풍부한 우주가 튀어나왔다는 예측이 나오지 않는다는 것을 발견하게 된다. 그 대신 우주의 첫 순간에 극소량의 쿼크와 전자만이 살아남았을 거라는 설명을 얻게 된다. 수학에 따르면 지금 이 세상은 사실상 원자가 거의 없는 상태여야 한다.

이 같은 문제가 생긴 원인은 단순히 계산에서 1을 빼먹었거나 하는 간단한 실수를 했기 때문이 아니다. 우리 우주에 이토록 많은 원자가 포함되어 있다는 사실은 우리가 빅뱅을 불완전하게 이해하고 있다는 증거다. 이 첫 몇분의 1초 동안, 우주에는 우리가 실험에서 관측해본 적 없는 형태의 물질과 에너지가 들어 있었음이 틀림없다. 그리고 그 물질과 에너지가 우주의 역사에서 중대한 의미를 띤 변환을 주도했을 것이다. 이 변환에 대해 우리는 여전히 아는 것이 거의 없다. 그럼에도 이것을 사실로 간주하는 이유는, 이 사건이 없었다면 우리가 존재하지 못했을 것이기 때문이다.

물리학자들은 LHC 같은 입자 가속기를 사용해서 우리 우주가 아주 어리고 아주 뜨거웠던 시절이 어땠을지 배워왔다. 당시의 우주는 알려진 모든 입자종의 수프로 가득 채워져 있었다. 여기에는 전자, 쿼크, 중성미자 같은 물질 입자뿐만 아니라 양전자, 반쿼크, 반중성미자 같은 반물질 입자도 포함되어 있었다. 현재 우리가 이해하는 바로는, 물질이 만들어질 때는 같은 양의 반물질도 함께 만들어진다. 그리고 물질이 파괴될 때에는 그와 함께 반물질도 파괴된다. 물질과 반물질의 운명은 밀접하게 얽혀 있다.

물질과 반물질 사이의 이러한 관계 때문에 우리 주위의 세상을 이해하기가 어려워진다. 결국 우리 우주가 한때 물질과 반물질로 채워져 있었고 물질과 반물질이 항상 함께 창조되고 파괴되는 것이라면, 스스로에게 묻지 않을 수 없다. 이 세상은 어쩌다 이렇게 물질로만 채워지고 반물질은 거의 사라졌을까? 반물질들은 다 어디로 갔는가? 그리고 왜 물질은 반물질과 함께 사라지지 않았을까?

LHC와 다른 여러 실험에서 배운 바에 따르면, 우주가 태어나고 첫 몇분의 1초 안에 쿼크와 반쿼크 짝은 다른 물질-반물질 짝과 함께 거의 모든 양이 다 사라졌어야 한다. 또 우리 우주와 물리 법칙에 대해 알려진 내용이 옳다면, 물질-반물질 쌍은 새로 창조되는 것보다 파괴되는 것이 더 많았어야 하고, 따라서 입자들은—물질이든 반물질이든—근본적으로 빅뱅의 뜨거운 열기 안에서 살아남지 못했어야 한다. 그럼에도 일부는 살아남았다. 어떻게 그렇게 됐는지는 몰라도, 우리가 모르는 어떤 메커니즘 또는 사건이 개입해서 이런 결과를 막아주었다. 더 구체적으로 말하자면, 이 원시 수프에 어떤 일이 일어나서 존재하는 물질의 총량이 반물질의 총량보다 약간 더 많아진 것이다. 그 불균형이 아주 작은 것이라도 우주의 역사에서 충분히 이른 시기에 성립되었다면 오늘날 우리가 보는 세상을 설명할 수 있다. 원시 우주 시대에 반물질 100억 개에 대하여 물질이 100억 1개만 되었어도, 이만큼의 미세한 비대칭으로도 초기 우주에서 적절한 양의 물질이 온전한 상태로 살아남기에는 충분할 것이다.

물질과 반물질 사이의 이 작은 불균형이 어떻게 가능했는지는 여전히 알 수 없지만, 입자가 살아남기 위해서는 빅뱅 후 첫 몇분의 1초 안에 반드시 어떤 사건이 일어났어야 했다는 것은 분명하다. 만일 미지의 이 신비로운 메커니즘이 없었다면, 우리 우주에는 근본적으로 원자가 전혀 만들어지지 못했을 것이다. 그리고 원자가 없었다면 가스나 먼지도, 은하, 별, 행성도 없었을 것이다. 결국 우리 우주에는 화학이 존재하지 못했을 것이다. 생명도. 그리고 우리도.

물질과 반물질 사이의 관계는 우리 우주의 구조 안에 깊이 새겨져 있다. 이 세상의 양자적 본질은 오로지 그 안에 든 물질과 반물질로만 설명될 수 있다. 물질과 반물질 사이의 대칭은 우리 우주 그리고 우주의 물리 법칙의 핵심이다.

지난 반세기 동안 이론물리학자들은 대칭 개념의 강력한 능력을 발견하고, 이 개념을 이용해 이론을 세우고 수많은 입자종을 예측했다. 이후 이 입자들은 가속기 실험에서 발견되었고, 이론은 성공적으로 검증되었다. 물리학자들은 거의 일치된 의견으로 힉스 보손, 꼭대기 쿼크, W와 Z 보손, 그리고 다른 몇몇 입자의 존재를 실험으로 관측하기 훨씬 전에 이미 예측했고, 그 성질도 정확하게 서술했다. 이론물리학자들의 관점에서 보면, 그들이 세운 이론의 기반이 되는 수학적 구조가 새로운 형태의 물질이 존재해야 한다고 주장하고 있었다. 그리고 현대 입자물리학의 바탕을 이루는 이 이론들은, 비록 우리 우주에 관한 모든 의문을 다루지는 못하지만, 이전에 관측된 적 없는 현상을 예측하고 이 예측을 이후 실험을 통해 검증하는 방식으로 여러 차례 효용성을 입증해왔다. 이 이론들이 가진 힘은 매우 강하다.

그러나 과학의 역사를 살펴보면 과거에는 일이 이런 식으로 진행되지 않았다. 뉴턴이 중력의 존재를 예측할 수 있었던 것은 중요한 수학적 논거 때문이 아니었다. 그때까지 관측되었던 행성들의 운동과 낙하하는 사물의 운동을 중력으로 설명한 것이었다. 마찬가지로 아인슈타인도 논리적으로 따져서 빛의 파동이 낱개의 빛알 형태를 취해야 한다고 주장하지 않았다. 아인슈타인의 주장은 빛이 빛알의 형태로 되어 있다면 관측된 광전 효과를 설명할 수 있다는 것이었다. 그 밖의 여러 물리학자도 이전에 수행되었던 실험 결과들을 설명하기 위해 더 새롭고 강력한 방법을 찾으려 노력했던 것이지, 관측도 하기 전에 완전히 새로운 현상을 예측하는 경우는 극히 드물었다.

내가 볼 때 물리학이 이런 경향에서 벗어나기 시작한 것은 1928년쯤부터였다. 그해에 폴 디랙Paul Dirac이라는 젊은 이론물리학자가 당시에는 새로운 이론이었던 양자물리학의 수학 안에 무엇인가 숨어 있다는 것을 처음으로 파악했다. 디랙

이 해석한 방정식의 내용은, 전자가 존재하려면 다른 종류의 입자도 반드시 존재해야 한다는 것이었다. 전자와 아주 많이 비슷하지만 전기 전하는 전자와 반대로 양전하를 가진 입자였다. 그때까지 이런 입자는 한 번도 관측되지 않았고 실험에서 검출된 적도 없지만, 우리 우주의 구조에서 나오는 피할 수 없는 결과물처럼 보였다. 디랙 이전에는 물질의 기본 성분의 존재를 관측하기도 전에 성공적으로 예측한 사람이 없었다. 전자, 양성자, 중성자와 빛알은 실험에서 먼저 그 효과가 측정되었고, 사람들은 이후에 그 존재를 주장했었다. 디랙은 이러한 경향에서 벗어나 직접 보거나 효과를 관측하지도 않은 상태에서 완전히 새로운 형태의 물질이 존재한다는 것을 대담하게 예측했다. 그는 오늘날 우리가 반물질이라고 부르는 것의 존재를 예측했다.

4년 후인 1932년에, 전자의 반물질 짝꿍인 양전자가 최초로 관측되면서 디랙이 옳았음이 확인되었다. 그리고 1950년대에 물리학자들은 입자 가속기를 사용해 반양성자와 반중성미자를 최초로 창조하고 관찰했다.• 현재 우리는 모든 형

• 독자는 아마도 전기적으로 중성인 중성자에게 어떻게 반물질 짝꿍이 있는지 궁금할 것이다. 중성자와 반중성자는 모두 전기 전하가 0 아닌가? 그러나 중성자는 각각 전하가 −1/3, −1/3, +2/3인 세 개의 쿼크로 구성되어 있고, 반중성자는 그에 대하여 전하가 +1/3, +1/3, −2/3인 반쿼크들로 구성되어 있다는 차이가 있다.

태의 물질에 반물질 짝꿍이 있다는 사실을 안다. 이 관계는 양자 세상의 바탕을 이루는 기본 대칭이다. 우리 우주의 논리적인 구조는 물질과 반물질 모두를 요구한다.

반물질은 오랫동안 우주론 학자에게 매혹과 당혹을 선사했다. 이 신비로운 것에 대해 우리가 아는 내용을 종합해보면, 반물질은 물질과 대등하다. 반입자들은 자신의 입자 짝꿍과 질량이 같고, 같은 방식으로 생성하고 소멸하며, 같은 상호작용을 경험하고, 완벽하게 똑같은—그러나 전하는 반대인—복사본처럼 표현된다. 반물질과 물질이 이렇게나 비슷하다는 사실을 감안하면 오늘날 우리 우주에 반물질보다 물질이 훨씬 많은 이유를 이해하기가 매우 어렵다.

지금까지 나는 우리 우주에 반물질이 극소량만 존재한다고, 마치 그것이 명백한 사실인 것처럼 주장했다. 그런데 그게 사실이라고 얼마나 확신할 수 있을까? 아무튼 이곳 지구 위에는 반물질이 거의 없다고 분명히 확신할 수 있다. 그리고 고맙게도 그것은 사실이다. 반물질과 물질이 서로 접촉하는 순간 둘은 순식간에 서로를 소멸시키고 그 자리에는 그냥 에너지만 남는다. LHC에서 만들어지는 것 같은 개별적인 반물질 입자들은 전혀 해로울 게 없지만, 물질 사이에 반물질이 조금만 존재해도 어마어마한 파괴력을 발휘해 눈에 띄지 않고 지나칠 수 없다. 예를 들어 반물질 1그램만 가지고도 TNT 20킬로톤을 초과하는 폭발을 일으킬 것이다. 이 정도면 히로시마나 나가사키에 투하된 핵폭탄이 폭발하면서 방출된 에너지와 맞먹는다.

그러나 지구 근처에는 반물질이 거의 전혀 없다 하더라도 우리 우주의 어딘가에는 반물질이 많이 있을 수 있지 않을까? 이 가능성은 더욱 무시하기 어렵다. 반물질을 발견하고 수십 년 동안, 물리학자들은 우리 우주가 같은 양의 물질과 반물질로 구성되었을 가능성이 있다고 생각했다. 우리가 어쩌다가 물질이 압도적으로 많은 영역에 살게 된 것일 뿐, 그렇다고 해서 우주의 다른 곳에 반물질이 압도적으로 많은 영역이 존재하지 않는다고 할 수는 없다. 그리고 만일 그런 영역이 존재한다면 우주 전체적으로는 물질과 반물질의 양이 같을 수 있고, 이로써 우리 눈앞의 미스터리는 해결될 수 있다.

그런데 이런 반물질의 영역이 우주 안에 존재한다면 과연 어떤 모습일까? 고립된 상태에서라면 반물질은 일반 물질과 똑같이 행동한다. 우리 우주의 어느 곳, 우리에게서 아주 멀리 있는 어떤 곳에는 만나면 소멸할 위험이 있는 양성자, 중성자, 전자의 존재 없이 엄청난 양의 반양성자, 반중성자, 그리고 양전자가 있을지도 모른다. 이 반입자들은 우리가 아는 모든 종류의 원자와 분자의 반물질 버전을 형성하면서 물질 사이에서 일어나는 물리적, 화학적 반응을 모두 경험하는지도 모른다. 이런 반물질들이 별, 행성, 은하를 형성할 수도 있다. 그리고 생명체까지 담고 있을 수 있다. 반물질 별 또는 반물질 은하에서 만들어진 빛은 보통의 별이나 은하에서 만들어진 빛과 전혀 구별되지 않을 것이다.• 이 글을 읽고 밤하늘을 올려다본다면, 하늘의 빛 중 일부는 반물질 별의 용광로에서 만들어진 것은 아닐지 궁금해질 것이다. 반물질 별이 완벽하게 고립된 상태라면, 그것을 확실히 알 방법은 없다.

그러나 현실적으로 완벽한 고립이란 없다. 진짜 별이나 은하는 완전히 별개로 존재할 수 없다. 천체물리학의 시스템은 물질을 이리저리 꾸준히 주고받는다. 우리 우주 안에서는 어느 순간에든지 수많은 은하가 서로 충돌하고 합쳐지고 있다. 심지어 우리 은하도 40억 년 안에 가장 가까운 은하인 안드로메다은하와 충돌할 것으로 예상된다. 만일 물질로 만들어진 은하가 반물질 은하와 충돌하면, 그야말로 빅뱅 이래로 가장 드라마틱하고 파괴적인 사건이 될 것이다. 두말할 필요도 없이, 그런 사건은—행여 일어난다고 해도—대단히 드문 일일 것이다.

• 빛알은 다른 대부분의 입자와 달리, 전기 전하나 다른 성질을 갖고 있지 않아 그 자신이 스스로의 반입자가 된다. 0의 반대 부호는 0이므로, 반빛알은 정확히 빛알 자신이 된다.

이보다는 좀 덜 극단적인 측면에서, 천체물리학자들은 X선 망원경과 감마선 망원경을 이용해 물질과 상호작용을 하고 소멸할 수 있는 좀 더 적당한 양의 반물질의 신호를 찾고 있다. 그러나 우리 우주 안에 특별히 반물질이 모인 곳이 있다는 의미 있는 증거는 현재까지 발견하지 못했다. 우리 우주는 물질의 지배를 받으며, 우리 우주에는 반물질의 흔적이 아주 미미하게 남아 있다. 만일 반물질 별이나 반물질 은하가 조금이라도 존재한다면 극도로 드물고 굉장히 멀리 있을 것이다.

우리 우주 안에 물질이 반물질보다 훨씬 더 많다는 사실은 물리학자들이 물질과 반물질에 대해 가속기 실험을 통해 배운 내용과 정면으로 맞선다. 아직 이해하지 못하는 어떤 이유로 인해, 물질과 반물질은 초기 우주에서 상호 소멸하는 참사를 간신히 피했다. 물질은 어떤 식으로든 빅뱅 후 첫 순간에 반물질보다 훨씬 더 많이 살아남았다.

하지만 어떻게 이런 일이 일어났을까? 우주 역사의 첫 몇 분의 1초 동안 무슨 일이 있었기에 물질이—별, 행성, 그리고 생명으로서—존재하게 되었을까? 솔직히 말해서 우리는 모른다. 이것은 아직 해결되지 않은 문제이며, 우주론 전체에서 가장 매혹적이고 중요한 문제 중 하나다.

이 점은 분명히 하는 것이 좋겠다. 우리 우주가 어떻게 반물질을 누르고 물질의 지배를 받게 되었는지에 대해 아이디어가 아예 없는 것은 아니다. 아이디어는 수없이 많다. 나 자신도 다른 이론우주론 학자들처럼 이것이 어떻게 가능한지 제안하는 논문을 발표했다. 과학 저널에는 이런 논문이 수천 편도 넘게 실린다. 문제는 이런 아이디어 가운데 어느 것이 옳은지, 옳은 게 과연 있기는 한지 알 길이 없다는 것이다. 우리는 마치 미해결 범죄 사건을 놓고 추리하는 한 무리의 탐정 같다. 범인은 어쩌면 조 스미스일 수도 있고, 케이티 존스일 수도 있고, 다른 수많은 용의자 가운데 하나일 수도 있다. 범인을 추측하는 것은 쉽다. 그러나 증거가 없으면 사건 해결은 불가능하다.

초기 우주에서 어떻게 물질이 반물질보다 더 많이 생성됐는가에 관한 문제라면, 용의자 목록은 길고 여러 가설을 뒷받침할 만한 증거는 거의 없다. 그러나 수많은 아이디어에는 적어도 공통점이 하나 있다. 이 아이디어들의 바탕에는 소련의 물리학자이자 활동가, 그리고 핵물리학자인 안드레이 사하로프Andrei Sakharov의 연구가 깔려 있다.

다른 위대한 과학자들이 그랬듯이 사하로프의 이력도 반듯한 길을 따르지 않았다. 사하로프는 1947년에 이론물리학

박사 학위를 받은 후 소비에트 연방의 핵무기 프로그램에 참여해 일을 시작했고, 소련 핵무기 최초 개발에 중대한 기여를 했다. 나가사키에 투하된 폭탄과 비슷한 플루토늄 폭탄이었다. 그러나 미국인들과 대등한 결과를 달성하기에는 충분하지 못했고, 사하로프는 더 파괴적인 무기를 개발하려는 소련의 계획에서 가장 중요한 인물로 우뚝 섰다. 이 계획은 1961년 개발된 50메가톤급 "차르 봄바Tsar Bomba"의 폭발로 마무리되었다.

이 시기에 핵무기를 연구한 다른 수많은 과학자처럼, 사하로프도 자기 연구의 윤리적, 정치적 파문을 점점 더 심각하게 우려했다. 1950년대 말 그는 핵무기 확산 반대와 대기권 핵실험 종식을 요구하는 정치 활동을 시작했고, 1963년에 '부분적 핵실험 금지 조약' 체결에 중요한 역할을 했다. 사하로프가 볼 때, 핵무기와 수소폭탄 관리는 초강대국이 보여주는 것 이상의 엄청난 주의와 노력이 필요했다. 역사는 인간이 저지른 어리석은 실수로 가득 차 있다. 그러나 지금 이 상황은 달랐다. 역사상 최초로, 인류는 마지막 실수를 저지를 수 있는 능력을 보유하게 되었다.

이런 이유와 아마도 다른 이유 때문에, 사하로프는 자신의 재능을 더 평화로운 목적을 위해 사용하기로 결심했고, 입자물리학과 우주론으로 전공을 바꾸었다. 그러나 이 무렵 사하로프는 40대 중반이었고, 근 20년 동안 이론물리학 분야에서 거둔 성과와 동떨어져 있었다. 동료들은 대부분 그를 이론물리학자라고 생각하지도 않았을뿐더러 발명가나 엔지니어로 생각했다. 이러한 여건에서 기초 물리학에 의미 있는 기여를 하게 될 확률은 좋게 말해도 미미했다. 누구도 사하로프가 우리 우주의 첫 순간에 대한 이해에 혁명을 일으킬 것이라고는 기대하지 않았다.

사하로프가 물리학으로 돌아온 1960년대 중반은 우주론이 무르익어가던 시절이었다. 1964년에 발견된 우주마이크로파 배경은 한때 미심쩍은 추측에 불과했던 빅뱅 아이디어를 존경받는 과학의 주류 이론으로 격상시켰다. 그리고 같은 기간에 입자물리학 분야도 새롭게 등장한 게이지 이론gauge theory• 에 힘입어 번성하고 있었다. 불과 몇 년 만에 이 이론들은 쿼크와 힉스 보손의 존재를 예측하는 데 사용되었고, 입자물리학의 표준 모형의 기틀을 마련했다. 이 시절은 우주론과 입자물리학 모두에게 황금기였다.

그러나 우주론과 입자물리학 분야는 각각 발전해 나아가

• 어떤 장의 영향을 받는 입자의 운동과 상호작용을 기술하는 방정식이 다른 장에서도 불변이 되도록 만든 이론. —옮긴이

는 동안 서로에 대해서는 완전히 독립적으로 연구를 진행하고 있었다. 우주론 학자 대부분은 입자물리학 분야에서 거둔 성과를 거의 알지 못했고, 입자물리학자는 우주론의 발전을 잘 알지 못했을뿐더러 다소 회의적이기까지 했다. 입자물리학자들은 우주론 분야의 논문을 읽지 않았고 세미나에도 참석하지 않았다. 우주론 학자들도 마찬가지였다. 개인적으로 나는 이 시기 두 분야의 균열이 사하로프의 성공에 큰 역할을 했다고 생각한다. 20여 년간 물리학계로부터 격리되었던 사하로프는 무엇에 관심을 가져야 하는지, 무엇을 연구해야 하고 연구하지 말아야 하는지 전혀 선입견이 없었다. 그 결과 사하로프는 강한핵력에 관한 새 이론—이 내용은 '양자색역학'으로 알려져 있다—, 일반상대성이론, 그리고 공간의 팽창에 따른 물질 분포의 변화까지 다양한 내용을 다룬 논문을 발표할 수 있었다. 그는 입자물리학자도 아니고 우주론 학자도 아니었다. 그리고 바로 이 점 때문에 둘 다 될 수 있었다.

사하로프가 기초 물리학에 가장 크게 기여한 연구 논문은 당시 입자물리학자나 우주론 학자로서는 상상조차 못 했던 내용을 담고 있다. 그는 입자물리학자로서 우리 우주의 구조 안에 세워진 물질과 반물질 사이의 대칭을 파악했다. 그리고 다른 우주론 학자들처럼, 빅뱅이라는 극도로 조밀한 조건 아래에서는 물질과 반물질이 서로 소멸해, 우리 우주에서 발견되는 원자를 형성할 만한 것이 전혀 남지 않는다는 것을 이해했다. 빅뱅 후 짧은 순간 동안에는 같은 양의 물질과 반물질이 존재했다 하더라도, 우리 우주가 어떤 식으로든 반물질보다 물질을 더 많이 가진 상태로 전이되었음이 분명했다. 사하로프는 이러한 자연의 전이에 대해 설명의 초석을 다진 인물이다.

1967년에 발표한 짧은 논문에서, 사하로프는 완벽하게 균형을 갖춘 물질과 반물질 집단에서 물질의 양이 압도적으로 많아지기 위해 반드시 갖추어야 하는 세 가지 조건을 제시했다. 기술적으로 설명하자면 꽤 복잡하지만, 대체로 다음과 같이 요약할 수 있다.

1. 쿼크의 총개수와 반쿼크의 총개수의 차이를 바꿀 수 있는 입자 간 상호작용이 반드시 있어야 한다.
2. 이 상호작용이 일어날 때 자연은 반물질보다 물질을 더 많이 만들거나, 또는 물질보다 반물질을 더 많이 파괴하는 편향을 가져야 한다.
3. 이러한 상호작용들은 초기 우주의 어느 시점에 대단히 격렬하거나 급격히 변화하는 조건 아래에서 발생할 기회가 있었어야 한다.

우리는 사하로프의 조건들을 어떻게 해석해야 하며, 이 조건들은 우리 우주에 대해 무엇을 말해주는가? 사실 첫 몇분의 1초 동안 이 조건들이 충족될 방법이 몇 가지 있지만, 우리로서는 이 수많은 가능성을 구별해낼 정보가 거의 없다. 그렇기는 해도, 사하로프의 조건들은 우주의 첫 순간 동안 일어났어야 하는 상호작용과 존재했어야 하는 조건들을 꿰뚫어보는 가치 있는 통찰을 제시하고 있다.

사하로프의 가장 위대한 공로가 된 논문이 발표되고 몇 년이 흐르도록 이 논문의 중요성을 알아챈 물리학자는 거의 없었다. 10년 동안 이 논문의 인용 횟수는 지극히 적었다. 그러나 1970년대 말부터 사하로프가 제기한 문제의 중요성을 인식한 입자물리학자들과 우주론 학자들이 점점 늘어갔고, 그와 함께 이 세 조건이 주는 힌트도 깨닫게 되었다. 그 후로 수십 년이 흐르며 사하로프의 아이디어는 1000여 편의 논문으로 확장되었고, 세 조건이 충족될 구체적인 방법도 종종 제시되었다. 오늘날 물리학자들은 물질과 반물질이 균형을 이룬 상태에서 물질이 지배적인 상태로 전이하는 것을 '중입자 생성baryogenesis'이라고 부른다. 이는 문자 그대로 '바리온baryon의 기원'이라는 의미를 담고 있다(바리온은 쿼크로 만들어진 입자다). 지금도 우리는 이 중입자 생성이 우리 우주에서 정확히 어떻게 일어났는지 알지 못한다. 그러나 사하로프가 반세기 전 제시한 세 조건이 어떻게든 충족되었음을 알고 있다. 이로부터 우리는 우리 우주가 태어나 맞이한 첫 순간에 어떻게 진화했고, 그 시대에 존재했던 물질과 에너지의 형태는 무엇이었는지 매우 가치 있는 단서를 몇 가지 얻을 수 있다.

사하로프의 세 조건 가운데 첫 번째는 가장 이해하기 쉽다. 어쩌면 당연하다고도 말할 수 있겠다. 같은 수의 쿼크와 반쿼크가 있는 세상에서 쿼크만 남은 세상으로 바뀌려면, 쿼크만을 창조하는—또는 반쿼크만을 파괴하는—상호작용이 일어났어야 한다. 그렇기는 하지만 이런 결과를 낳는 상호작용은 지금까지 관찰된 적이 없고, 사하로프와 동시대 물리학자 대다수가 그런 상호작용은 불가능하다고 여겼다. 만일 반쿼크를 파괴하지 않고 쿼크가 파괴될 수 있다면, 양성자처럼 쿼크로 만들어진 입자들 역시 파괴될 수 있다. 다시 말해, 사하로프의 첫 번째 조건은 우주에 있는 모든 원자가 궁극적으로는 불안정하다는 것을 암시한다.—적어도 약간은. 심지어 원자조차도 영원히 살아남을 수 없다.

흥미롭게도 같은 시기에 쿼크와 반쿼크가 비대칭적으로 창조되고 파괴될 수 있음을 암시하는 또 다른 주장이 나왔다. 블랙홀과 관련 있는 이 주장은 "머리털 없음 정리no-hair theorem"라는 이름으로 알려져 있다. 간단히 말하자면, 이 정리는 하나의 블랙홀을 완전하게 서술하기 위해서는 오직 세 가지의 양, 즉 블랙홀의 질량, 전기 전하, 회전 속도만 있으면 된다는 내용을 담고 있다. 이 말은 질량, 전하, 스핀이 같은 두 블랙홀은 모든 측면에서 완벽하게 동일하다는 뜻이다. 그렇다면 전기적으로 중성인 물질로 만들어진 블랙홀은 반물질로 만들어진 블랙홀과 완전히 동일하다는 얘기가 된다. 블랙홀의 중력은 근본적으로, 형성되기 시작하는 쿼크의 개수만을 감소시키는 역할을 한다. 머리털 없음 정리의 완전한 결론을 놓고 물리학자들이 논쟁 중이긴 하지만, 자연이 사하로프의 세 조건 중 첫 번째를 만족시킨다는 아이디어를 머리털 없음 정리가 뒷받침한다는 데에는 대체로 동의하고 있다.

오늘날까지 쿼크의 개수만을 변화시키는 과정은 관찰되지 않았다. 양성자가 붕괴하는 순간을 포착하기 위해 강력한 실험이 설계되었지만, 뾰족한 결과를 얻지 못한 채 모두 빈손으로 마무리되었다. 그러나 이런 실험들을 통해 양성자의 반감기가 적어도 10^{34}년은 된다는 사실을 알게 되었고, 이는 138억 년에 걸친 우주의 생애 동안 10^{24}개의 양성자들 가운데 하나 이상은 붕괴하지 못했음을 암시한다. 그러나 오늘날 대다수의 입자물리학자는 양성자가 영원히 살 수는 없다고 합리적으로 확신한다. 비록 증거는 부족하고 양성자들은 굉장히 오래 살아남기는 하지만 말이다. 양성자의 안정성을 더욱 가혹하게 테스트하려는 노력들이 이어지고 있으며, 사우스다코타 홈스테이크 광산의 듄DUNE 실험 계획도 그중 하나다. 아마도 이 실험을 통해 결국 양성자의 붕괴가 목격될 것이고, 우주 전반에서 발견되는 원자와 분자의 유효기간을 최초로 정할 수 있게 될 것이다.

언뜻 보면 사하로프의 두 번째 조건도 꽤 단순해 보인다. 결국 쿼크와 관련지어 반쿼크의 개수를 줄이는 상호작용을 상상할 수 있다면, 그 반대도 쉽게 상상할 수 있다. 이렇게 서로 다른 상호작용의 효과가 상쇄되는 것을 피하기 위해서는, 다른 쪽에 비해 한쪽에 대한 선호가 분명히 있어야 한다. 자연은 어떤 식으로든 반물질에 반대하는 쪽으로 편향되어 있어야 한다.

물리 법칙 안에서 이런 편향성은 시간과 공간의 본질에 대한 깊은 의미, 그중에서도 특히 우주의 기초 위에 세워진 대칭을 암시한다. 물리학자들이 '어떤 것이 대칭을 보인다'라고 말할 때는, 그 어떤 것에 무슨 일을 해도 변화하지 않고 남아 있는 무엇이 있다는 뜻이다. 완벽하게 둥근 공을 생각해보자. 이런 공은 어느 각도로 돌리더라도 아무런 변화 없이 방향을 바꿀 수 있다. 따라서 공은 회전 대칭을 가지고 있다. 반면 울퉁불퉁하게 생긴 바위는 회전 대칭이 없다. 대칭은 현대 물리학의 핵심이며, 반전성反轉性(패리티parity라고도 한다), 전하, 시간과 관련된 대칭은 대칭 중에서도 가장 근본적이고 광범위하다.

반전성 대칭은 공간의 대칭이다. 어떤 것을 그것의 거울상과 구별할 수 없으면 반전성 측면에서 대칭이다. 완벽한 원통을 거울에 비추면 원래 원통과 거울에 반사된 상이 완전히 똑같아 보인다. 따라서 원통은 반전성 대칭이다. 그러나 원통을 깎아 나사 모양으로 만들면, 이 대칭은 깨진다. 시계방향으로 감기는 나사의 거울상은 반시계방향으로 감기는 나사가 된다.

전하 대칭을 이해하기 위해 양성자와 전자의 집단을 상상해보자. 만일 어떤 방법으로든 순간적으로 양성자 집단의 모든 양성자를 음전하를 띤 반양성자로 바꾸고, 동시에 전자들은 모두 양전하로 대전된 양전자로 바꿀 수 있다면, 각각의 입자들은 교환이 일어나기 전과 정확하게 동일한 전자기력을 느낄 것이다. 반양성자와 양전자는 여전히 서로에 대해 반대 되는 전하를 가지고 있으므로, 교환되기 전과 완전히 동일한 방식으로 서로를 끌어당긴다. 이것은 전자기력이 전하에 대하여 완벽하게 대칭적이기 때문이다.

마지막으로, 시간의 흐름에 따르는 과정과 시간을 거스르는 과정을 구별할 수 없다면 이는 시간에 대하여 대칭적이다. 야구공이 위로 날아올라 정점에 도달했다가 땅을 향해 떨어지는 동영상을 본 후에 이것을 거꾸로 재생해서 본다면, 보는 사람은 두 동영상을 구별하지 못할 것이다. 두 동영상에서 중력은 구별되지 않는다. 따라서 중력은 시간에 대해 대칭적이다.

내가 물리를 잘 몰랐다면, 우리 우주의 물리 법칙이 근본적으로 반전성, 전하, 시간에 대해 대칭적이어야 한다고 추측했을 것이다. 자연이 이런 식으로 대칭적이어야 한다는 것은, 그냥 직관적으로 그래 보인다. 예를 들어 완벽하게 대칭으로 만든 팽이를 보면 팽이를 시계방향으로 또는 반시계방향으로 돌려도 방향과는 관계없이 같은 방식으로 회전해야 할 것 같은 느낌이 든다. 그러나 자연은 내 직관이 뭐라 하든 상관하지 않는다. 이 세 가지 대칭은 사실 우리 우주의 물리 법칙에 의해 살며시 깨져 있다.

네 가지 알려진 힘 가운데 세 가지, 즉 중력, 전자기력, 강력은 주어진 입자에 대하여 입자의 스핀이 시계방향이든 반시계방향이든 관계없이 동일한 방식으로 작용한다. 다시 말해 이 세 힘은 반전성에 대해 대칭적이다. 그러나 약력은 이에 해당하지 않는다. 1956년에 진행된 실험에서, 물질 입자는 반시계방향의 스핀을 가질 때만 약력의 효과를 느낀다는 사실이 밝혀졌다. 스핀이 시계방향인 물질 입자들은 약력을 아예 느끼지 못한다. 더 이상한 것은, 이 관계가 반물질 입자에서는 뒤집힌다는 것이다. 반물질 입자들은 시계방향 스핀을 가진 것들만 약력을 느낀다. 약력의 눈을 통해 본다면 입자는 뱀파이어 같은 것이다. 입자를 볼 수 있다면 그 거울상은 볼 수가 없다.

약력이 반전성 또는 전하 대칭을 따르지 않는다는 사실은 입자물리학자들이 우주에 대해 가정했던 것을 대부분 뒤집었다. 그들은 약력이 그들의 순진한 직관처럼 행동하지 않는다는 사실을 어렵게 배웠다. 과학의 역사에서 흔히 그랬던 것처럼, 일반 상식이 그들을 엉뚱한 길로 이끌었다. 그러나 이 발견에 뒤이어, 학자들은 약력이 반전성과 전하의 대칭을 깨뜨리지만 이 두 대칭의 '합'은 훼손되지 않고 고스란히 남을 것임을 깨달았다. 어떤 입자가 약력을 느끼는 상태, 예를 들어 반시계방향으로 도는 전자에서 출발해, 스핀 방향과 전하를 동시에 바꾸어 시계방향으로 도는 양전자가 된다면, 이 입자는 계속해서 약력을 느끼게 된다. 따라서 약력이 전하와 반전성 대칭 각각은 깨뜨리더라도, 적어도 전하charge와 반전성parity이 결합된 대칭—CP 대칭—은 여전히 우리 우주의 구조 안에 세워질 수 있을 것 같았다.

그러나 이마저도 사실이 아닌 것으로 밝혀졌다. 1964년의 실험 결과에서 CP 대칭 역시 깨진다는 사실을 발견하고 입자물리학자들은 다시 한번 충격에 빠졌다. 이 현상은 케이온kaon이라는 입자들 사이에서 최초로 관측되었다. 케이온은 기묘 쿼크strange quark와 아래 반쿼크down antiquark가 묶여 구성되어 있다. 이전에는 약력이 케이온을 반케이온으로 변환시킬 수 있고 그 반대도 성립한다고 알려졌다. 그러나 새로운 실험으로 밝혀진 사실은, 이런 과정이 양방향으로 동일하게 일어나지 않는다는 것이었다. 사실 물질과 반물질 사이의 편향은 자연의 구조 바로 그 안에 세워져 있다. CP 대칭의 위반은 사하로프의 두 번째 조건을 충족시키기 위해 정확히 필요한 것이다. 그리고 이로 인해, 적어도 원칙적으로는, 물질을 선호하는 과정이 반물질을 선호하는 과정을 이길 수 있게 된다.

어쩌면 이 모든 것 중 가장 이상한 것은 이러한 깨달음이 말해주는 시간의 본질일 것이다. 아인슈타인의 특수상대성이론과 호환이 가능한 양자장이론은 전하와 반전성, 그리고 시간의 결합에 대하여 절대적으로 대칭이어야 한다. 이를 CPT 대칭이라 한다. 다시 말해 만일 CP 대칭이 약력에 의해 깨진다면, 시간에 대한 대칭 역시 같이 깨져야 한다는 뜻이다. 야구공이 그리는 호는 시간이 앞으로 흐르거나 뒤로 흐르거나 관계없이 똑같아 보이지만, 약력은 시간의 두 방향에 대하여 서로 다르게 작용한다. 이런 식으로 자연은 과거와 미래 사이를 구별하고, 시간의 흐름에 따라 저울의 눈금을 반물질보다는 물질 쪽으로 살짝 기울게 할 수 있다.

입자들이 반물질에 대한 물질의 총량을 바꾸도록 상호작용을 할 수 있다 해도, 그리고 그 상호작용이 물질에 우호적인 쪽으로 편향해도, 이것만으로는 그토록 많은 양성자, 중성자, 전자가 빅뱅의 뜨거운 열기 안에서 살아남은 사실을 설명하지 못한다. 만일 우리 우주가 초기 시대에 꾸준히, 지속적으로 팽창하고 냉각되었다면, 이러한 상호작용이 존재하더라도 물질과 반물질의 상대적인 양은 자연스러운 평형 상태를 향해 갈 수 있으며, 궁극적으로는 원시 시대의 균형 상태를 깨지 못하게 될 수 있다. 사하로프는 물질이 반물질에 대하여 승리를 거두려면 세 번째 조건도 반드시 충족되어야 함을 보여주었다. 우리 우주는 최초의 순간에 특별히 거친 변환을 경험했어야 한다는 것이다.

사하로프의 세 번째 조건이 충족될 수 있는 방법에는 몇 가지가 있다. 우리 우주가 갑작스러운 팽창을 경험하던 아주 짧은 시간 동안, 물질에 우호적인 상호작용이 효력을 발휘했을 수 있다. 또는 특이한 신종 입자가 있었을 수도 있다. 현재까지 알려지지 않은 이 입자는 초기 우주 시대에 다른 입자들과는 상호작용을 하지 않고, 소멸하면서 새로운 쿼크를 풍부하게 생성했을 수 있다. 또 다른 방법은, 아마도 가장 흥미로운 것일 텐데, 우리 우주가 극히 짧은 순간 갑작스럽고 드라마틱한 변화를 겪었을 수 있다는 것이다. 꾸준히 온도가 떨어지는 게 아니라 갑작스러운 전이를 겪은 것이다. 이를테면 물이 끓다가 어느 순간 갑자기 증기로 변하는 것과 비슷하다.

상전이相轉移, phase transition 현상은 화학과 물리학 전반에서 발견된다. 그리고 고체, 액체, 기체 사이의 상전이가 가장 잘 알려졌지만, 다른 상전이도 있다. 실제로 우리 우주의 초기 역사 중에 적어도 세 차례의 상전이가 있었던 것으로 알려져 있다. 가장 최근에 일어난 상전이는 자유 전자와 양성자가 결합해 원자를 형성했던 전이다. 이 전이는 빅뱅 후 약 38만 년이 지났을 때 발생했다. 이보다 더 전인 빅뱅 후 수 밀리초에도 이와 비슷한 전이가 일어났다. 우리 우주 전반에 퍼져 있던 자유 쿼크들이 모두 결합해 양성자와 중성자를 형성한 것이다. 그리고 이보다 더 전, 빅뱅 후 1조분의 1초쯤 지났을 때에는 완전히 다른 상전이가 일어났다. 이 전이가 있기 전에는 힉스 보손도 다른 입자들과 굉장히 비슷하게 행동했다. 그러나 우리 우주의 온도가 10^{16}도 밑으로 떨어지면서 상황이 변했고, 힉스 보손의 장이 다른 입자들에게 다른 새로운 방식으로 작용하기 시작했다. W 보손과 Z 보손 같은 입자들의 속도가 처음으로 느려지기 시작했고, 빛알보다 한참 더 느리게 움직이는 입자가 되었다(쿼크와 렙톤도 그랬을 가능성이 있다). 이 전이가 있기 전에 W 보손과 Z 보손은 질량이 없었고, 빛알처럼 행동했었다. 그러나 힉스 장Higgs field의 변화는 이 입자들이 더 많은 관성을 나르고 가속에 저항하도록 하는 원인이 되었다. 이런 입자들이 질량을 갖게 된 원인은 사실상 힉스 장의 이 같은 변화였다. 힉스 장의 존재가 없었다면 우리가 아는 기본 입자들은 모두 질량이 없었을 것이고, 우리가 사는 세상은 지금과는 완전히 딴판이 되었을 것이다.

지금까지의 내용을 보면 사하로프의 어려운 수수께끼에 대하여 만족스러운 답이 있는 것처럼 보일 것이다. 사하로프는 첫 번째 조건으로 반쿼크에 상대적인 쿼크의 개수만을 변화시키는 상호작용의 존재를 꼽았는데, 이 조건은 우리 우주 안에서 충족된다고 모든 지표가 말해준다. 사하로프가 꼽은 두 번째 조건, 즉 물질에 대한 자연의 편향은 지난 반세기 동안 수행된 다수의 실험을 통해 확인되었다. 마지막으로, 초기 우주에서 발생했던 여러 상전이에 대해서도 알려져 있다. 그렇다면 물질이 어떻게 반물질을 압도적으로 누르고 우리 우주를 지배하게 되었는지, 그리고 그 이유는 무엇인지 설명할 수 있을 것 같고, 이제 마음을 놓아도 되겠다는 생각이 들 것이다.

그러나 그렇지가 않다. 비록 사하로프의 조건 모두가 어느 정도는 만족된다 해도, 알려진 과정과 사건에 의해 초기 우주가 만들어낸 물질은 반물질보다 아주 약간만 많을 뿐이다. 이 정도 양은 우리 손에 들려 있는 퍼즐을 풀기에는 너무 적다. 우리 우주에 대해 현재 우리가 아는 내용만 놓고 보면, 우주가 냉각되는 과정에서 거의 대부분의 물질이 파괴되었을 것이고, 별이나 행성이 형성될 가능성은 거의 없었을 것이며, 그 다음에 생명이 발현할 가능성도 없었을 것이다. 우리 우주는 지금 우리가 보는 세상과는 전혀 비슷하지 않았을 것이다.

사실 우리는 우리 우주에 어쩌다 이렇게 많은 물질이 생겨나고 반물질은 거의 없는지 알지 못한다. 우리가 현재 이해하는 물리 법칙으로는 이 퍼즐을 해결할 능력이 없다. 그러나 이러한 자각은 우주 역사의 극초기에 관하여 중요한 교훈을 가르쳐준다. 그 시기는 우리가 알거나 이해하는 것과는 완전히 다르다는 사실이다. 그 시기의 우주에서는 우리가 알지 못하는 상호작용이 일어났고, 그 어떤 실험에서도 관측되지 못한 물질과 에너지가 포함되어 있었을 것이다. 그리고 극적인 사건이 펼쳐진 후 우주 전체의 본질이 바뀌었다. 이러한 깨달음은 대답보다 더 많은 의문을 제기하지만, 바로 이 점이 내가 느끼는 우주론의 매력이다. 미지의 대상이 품은 미스터리 안에는 발견되기를 기다리는 거대한 기쁨이 있다.

7장

암흑물질과 세상의 기원

관측 결과에 따라 우리의 선입견을 바꾸어야 할 때,

과학은 가장 많이 발전한다.

—베라 루빈Vera Rubin

고개를 들어 밤하늘을 바라보면 눈앞에 수천 개의 별로 이루어진 파노라마가 펼쳐진다. 별들은 지구에서 바라보는 밤하늘의 풍경을 지배하며, 인류의 상상 속에 존재하는 태양계 너머 세상도 지배한다. 그러나 여러 측면에서 볼 때 별이 우주에서 차지하는 비중은 특별히 크지 않다. 별은 밝은 빛을 내며 눈에 잘 띄지만, 우주 안의 모든 물질 가운데 차지하는 비율은 약 1.6퍼센트밖에 되지 않는다.

우리 우주에 존재하는 모든 원자 가운데 별에서—또는 행성, 혜성, 소행성, 그 밖의 천체들에서—발견되는 양은 극히 적다. 원자 대부분은 성간星間을 차지하는 엄청난 양의 기체 안에 자리 잡고 있으며, 이 기체는 주로 수소와 헬륨으로 구성되어 있다. 그러나 우주 안의 기체와 별, 행성을 모두 고려하더라도, 그러니까 알려진 모든 원자를 다 합쳐도 전체 물질에서 차지하는 비율은 약 16퍼센트로 여전히 크지 않다는 것을 발견하게 된다. 우리 우주를 압도적으로 차지하고 있는 것은 원자나 우리가 아는 물질로 구성되지 않았다. 그것은 우리 눈에 거의 또는 아예 보이지 않는다. 그것의 성질은 우주론을 통틀어 가장 거대한 미스터리의 중심에 있다. 감춰져 있지만 분명히 존재하는 이 물질은, 아직은 마땅한 이름이 없어 단순히 암흑물질이라고 부른다.

암흑물질을 직접 볼 수는 없지만, 암흑물질의 중력으로 인해 그것이 거기에 있다는 것을 알 수 있다. 설령 태양이 우리 눈에 보이지 않는다 해도, 그 주위의 행성들이 그리는 궤도를 연구함으로써 태양의 위치와 질량을 알아낼 수 있는 것과 같은 이치다. 지구가 태양 주위 궤도를 도는 것처럼 태양도 길고 느린 궤적을 그리며 우리 은하 중심Galactic center 주위의 궤도를 돌고 있다. 앞으로 2억 5000만 년 동안—또는 1은하년—태양계는 은하 주위의 궤도를 완전히 한 바퀴 돌고 나서 지금 이 자리로 다시 돌아올 것이다. 은하년을 기준으로 생각해보면, 인류의 첫 조상은 겨우 2주 전에 태어났고, 열여섯 살짜리 태양계는 이제 막 운전면허를 딸 때가 되었고, 쉰다섯 살 된 우리 우주는 은퇴 후의 생을 설계할 나이가 되었을 것이다.

지구가 중력에 의해 태양 주위 궤도에 붙들려 있는 것처럼 태양계도 중력에 의해 우리 은하에 묶여 있다. 물리학과 1학년생 정도면 지구의 궤도 크기와 속도로부터 지구를 현재 궤도에 붙잡아두기 위해 필요한 태양의 질량을 구할 수 있다. 은하 주위를 도는 태양을 가지고도 같은 계산을 할 수 있다. 계산해보면, 태양의 궤도가 에워싸는 부피 안에 대략 1000억 개의 태양과 맞먹는 질량이 있어야 한다는 결과가 나온다. 별과 기체 형태로 된 물질이 그 절반 정도의 질량을 차지한다. 나머지 반은, 우리가 보지 못하는 암흑물질로 구성되어 있다. 이 암흑물질이 없다면 태양과 별들은 지금과는 완전히 다르게 행동할 것이다. 암흑물질의 중력에 매여 있지 않은 은하의 별들은 밖으로 향하는 방향으로 움직여 나갈 것이고, 훨씬 더 큰 궤도를 따라 느리게 회전할 것이다. 경우에 따라서는 아예 은하를 완전히 벗어나 은하 사이 공간(은하 간 공간)으로 영원히 날아가버리는 별도 있을 것이다. 이들을 붙잡아주는 암흑물질이 없다면 우리가 아는 은하들은 대부분 흩어졌을 것이다.

암흑물질이 무엇인지 또는 무엇으로 만들어졌는지 아직 모르지만, 우주의 첫 순간, 아마도 빅뱅 후 첫 100만분의 1초 안에 만들어졌을 가능성이 높다. 암흑물질을 이해하게 된다면 암흑물질의 성질뿐 아니라 우리 우주 극초기의 순간에 대해서도 알아낼 수 있을 것이다. 암흑물질 연구가 곧 이 세상의 기원에 대한 연구인 것이다.

지난 수십 년 동안 압도적 다수의 천문학자들과 우주론 학자들이 암흑물질의 존재를 온전히 확신하게 되었다. 망원경을 겨누는 거의 모든 곳에서 암흑물질의 흔적이 목격되고 있다. 그 흔적은 은하 안에서 움직이는 별의 행동, 그리고 은하단이라고 하는 좀 더 큰 계 안에서 움직이는 은하 행동의 형태로 나타난다. 은하단의 중력이 그 주위를 지나는 빛의 방향을 바꿀 때에도 암흑물질의 효과를 확인할 수 있다.

그러나 아마도 암흑물질의 존재를 뒷받침하는 가장 강력한 단 하나의 증거는 빅뱅 후 남은 복사, 즉 우주마이크로파 배경의 온도 패턴에서 관측된 내용일 것이다. 우주배경복사를 측정함으로써 빅뱅 후 수십만 년이 지난 시점의 우주 안 물질 분포를 지도처럼 그릴 수 있다. 이 지도를 보면 우리 우주가 어릴 때는 대단히 균일했으며 밀도에서는 아주 작은 차이만 있었음이 나타난다. 암흑물질이 없었다면 이 같은 밀도 차이가 오늘날 우리 우주에서 발견되는 은하와 다른 거대 구조들을 형성할 만큼 빠르게 늘어날 방도가 없다. 원자들은 외부에서 압력을 받으면 압축에 저항한다. 이 말이 의심스럽

거든 풍선을 움켜쥐려고 해보면 원자들의 반발력을 느낄 수 있다. 그러나 암흑물질은 다르다. 원자와는 달리 암흑물질은 이런 반발력이 없기 때문에 중력이 암흑물질을 빠르게 압축할 수 있었고, 이로써 이후 우리 우주의 거대 구조들이 만들어질 수 있는 기본적인 지지대를 갖추게 되었다. 은하가 존재하기 훨씬 이전부터 암흑물질은 한데 모여 거대한 구름을 형성하기 시작했다. 이 암흑물질의 중력이 원자들을 끌어당기고 뭉치게 해서 결과적으로 은하가 형성된 것이다.

이러한 관측을 통해 우리 우주 안에 있는 암흑물질의 양을 측정할 뿐 아니라, 제한적으로나마 암흑물질의 본질에 대해서도 알게 되었다. 일단 이 물질 또는 물질들은 LHC를 비롯한 여러 입자 가속기에서 발견된 물질 중 어느 것과도 연관성이 없다. 어쩌면 언젠가는 입자 가속기로 암흑물질 입자들을 만들어내고 관측할 수도 있겠지만, 아직은 아니다. 지금 우리가 아는 것은, 암흑물질이 정확히 무엇인지는 몰라도 중력을 통하지 않고서는 암흑물질끼리도, 다른 일반 물질과도 눈에 띄는 상호작용을 하지 않는다는 것이다. 이 말은 암흑물질 입자들이 마치 유령처럼 고체를 그대로 통과해 지나갈 수 있고, 우리가 측정할 수 있는 빛을 방출하지도, 흡수하지도, 반사하지도 않는다는 의미다.

주위의 다른 물질들과 상호작용을 거의 하지 않는 물질이 우리 우주에 그렇게 많다는 것이 놀랍지 않은가? 이 내용을 처음 배울 때 나는 굉장히 놀랐다. 결국 우리가 아는 모든 형태의 물질들은 전자기력, 강한핵력, 약한핵력의 조합을 통해 서로 소통하며 상호작용하고 있지 않은가? 내가 볼 때는 모든 입자가 이런 패턴을 따라야 합리적일 것 같았다. 그러나 이러한 생각은 인류에게 알려진 가장 오래된 논리적 오류에 불과했다.

지금 이 방에 있는 물건들의 목록을 만들고, 각각의 항목을 보고, 듣고, 만질 수 있는가를 기준으로 분류한다고 생각해보자. 꽤 많은 물건이 이 세 기준이 겹치는 영역에 해당할 것이다. 예를 들어 레코드판은 볼 수 있고, 만질 수 있고, 들을 수도 있다. 방 안의 공기는 느껴지기는 해도 반드시 보이거나 들리는 것은 아니다. 이런 식으로 목록에 오르는 물건은 보이거나, 들리거나, 만져지거나, 또는 두 개 이상의 기준을 충족한다. 그러나 보이지 않고 들리지 않고 만져지지 않는 물건은 목록에 포함되지 않는다.

이와 비슷하게 우리 우주에 존재하는 입자들의 목록을 만들고, 입자가 전자기력, 강한핵력, 약한핵력을 경험하는지 여부를 기준으로 분류할 수 있다. 표준 모형에 포함된 입자들은 전부는 아니지만 대부분 전자기력의 대상이 된다. 전자, 뮤온, 타우, W 보손, 그리고 여섯 종의 쿼크 전부가 전기

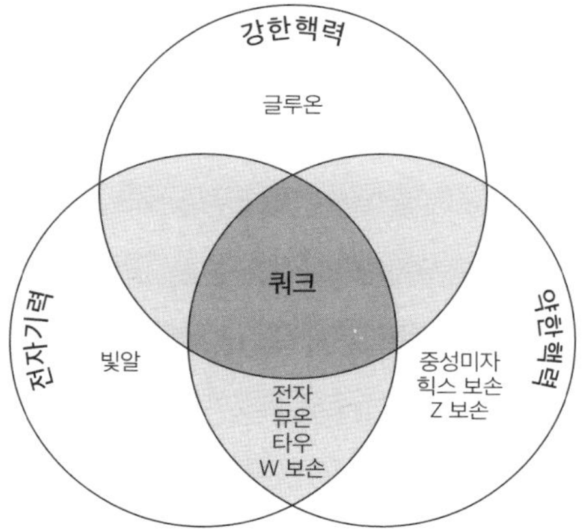

입자가 경험하거나 소통하는 힘에 의해 입자를 분류한 벤다이어그램. 우리가 아는 모든 입자는 이 힘들 중 적어도 하나를 통해 상호작용을 하며, 어떤 입자는 여러 힘을 중복해서 경험하기도 한다.

전하를 나르면서 전자기력을 통해 상호작용을 한다. 반면 세 종의 중성미자, 글루온, Z 보손과 힉스 보손은 그렇지 않다. 그리고 "색"을 나르며 강한핵력의 효과를 느끼는 입자는 쿼크와 글루온뿐이다. 표준 모형의 입자들 가운데 이 세 힘을 모두 경험하는 입자는 쿼크뿐이고, 다른 입자들은 적어도 하나의 힘을 통해 상호작용을 한다. 심지어 표준 모형에서 가장 약하게 상호작용을 하는 입자인 중성미자도 약력에 반응한다.

내가 처음 암흑물질에 대해 배울 때 저질렀던 실수는, 표준 모형을 구성하는 입자들이 '어떻게' 발견되었는지 고려하지 않았다는 것이다. 방 안 물건들의 목록을 만들 때, 거기에 보이지 않고 들리지 않고 만져지지 않는 것은 포함되지 않았다고 해서 그런 것이 존재하지 않는다는 의미는 아니다. 다만 내가 모를 뿐이다. 마찬가지로 이 세 힘 중 어느 힘으로도 상호작용을 하지 않는 입자가 존재한다면, 우리는 스스로에게 물어야 한다. 그 입자는 우리 실험에 어떤 영향을 미칠 것인가? 입자가 있는지 없는지 어떻게 알 수 있는가? 그것이 과연 존재하기는 하는 것일까? 이 질문들에 대한 답은, 아마도 십중팔구는 어떠한 실험이나 실험실에서도 입자 자체나 입자의 효과를 직접 볼 수 없으리라는 것이다. 우주 안 어느 곳에서, 중력의 효과를 통해 입자를 간접적으로나마 포착할 수 있을 뿐이다. 다시 말해 그런 입자는 암흑 속에 감춰진 물질 같은 것이다. 그것이 암흑물질이다.

압도적 다수의 전문가가 암흑물질의 존재에 동의하지만, 이 문제를 두고 완벽한 과학적 합의가 아직 이루어지지는 않았다. 이 문제를 연구했던 천문학자와 물리학자 중 일부는 암흑물질의 증거를 신빙성 있는 것으로 여기지 않는다. 그들은 은하 주위 별들의 운동 그리고 심지어 우주 전반에서 발견되는 은하와 은하단의 패턴까지도, 반드시 암흑물질로만 설명할 수 있다고 생각하지 않는다. 그들은 지금 이 문제가 빛을 발하지 않는 새로운 형태의 물질을 가정해서 해결할 일이 아니고, 우리가 중력의 효과를 잘못 이해한 데에서 기인했다고 본다.

1980년대 이후, 물리학자들은 암흑물질 없이도 관측된 은하의 역학을 설명할 수 있도록 중력과 운동 법칙을 고치려는 노력을 하고 있다. 이러한 아이디어들은 일반적으로 수정 뉴턴 역학Modified Newtonian Dynamics, 줄여서 MOND라는 이론의 범주에 들어간다. 어느 면에서는 MOND는 도입하기가 상당히 쉽다. 뉴턴의 운동 제2법칙에서는 '힘은 질량 곱하기 가속도와 같다'고 말하는데, 여기서 '힘은 질량 곱하기 가속도 "제곱"과 같다'로 바꾸면 지금까지 관측된 은하 안에서의 별과 기체의 행동을 어느 정도는 설명할 수 있게 된다. 물론 뉴턴이 애초에 '힘은 질량 곱하기 가속도'라고 쓴 데에는 나름의 이유가 있었다. 그가 실험을 수행할 때에는 몇 번을 해봐도 힘이 질량에 가속도를 한 번 곱한 것과 같았지, 가속도 제곱을 곱한 것과 같지 않았기 때문이다. 이 문제를 해결하기 위해 MOND 지지자들은 가속도가 아주 작을 때에만 '제곱'이 효력이 있다고 제안한다. 그러니까 간단히 말해서 지구와 태양계 안에서는 중력이 우리가 알고 있는 대로 작용하지만, 우리 은하 전반과 다른 은하 안에서처럼 별들이 경험하는 가속이 아주 작은 환경에서는 매우 다르게 작용한다는 것이다. 이 경우 MOND는 중력의 세기가 뉴턴이—여기에 관해서라면 아인슈타인도—생각했던 것보다 더 강하다고 가정한다. 그리고 이 강화된 중력이 은하를 한데 묶어준 진짜 원인이고, 이것을 모르는 우리는 암흑물질이 존재해야 한다고 믿게 되었다는 이야기다. MOND의 법칙에 지배받는 우주 안에서 암흑물질은 그저 환상에 불과하다.

바로 앞에서 나는 MOND가 '어느 면에서는' 도입하기가 꽤 쉽다고 말했다. 그러나 다른 면에서는 그렇지 않다. MOND는 뉴턴의 운동 제2법칙 공식을 직접 수정하여 제시되었다. 그러나 이렇게 하면 일반상대성이론이 완전히 무시된다. 지금까지 일반상대성이론이 여러 실험을 통해 높은 정확도로 검증되었다는 점을 감안하면 이는 상당히 중요한 문제다. MOND가 암흑물질에 대한 진지한 대안으로 고려되려면, 어떤 식으로든 일반상대성이론의 성공적인 예측들과 일치하는 하나의 이론으로 수립될 수 있음을 보여줘야 한다.

이 과제를 처리하려고 수많은 물리학자가 해를 거듭하며 공력을 기울였다. 예를 들어 어떤 학자들은 시간과 공간의 기하가 물질의 운동에 다르게 작용하고 중력과의 연결과는 별개로 영향을 미친다는 이론들을 제안했다. 이른바 '바이메트릭 이론bimetric theories'에서는 공간 안 두 점 사이의 거리가 사실상 두 가지 다른 값을 가진다. 일반상대성이론은 태양계는 상대적으로 잘 설명하지만 거대 규모의 우주를 설명할 때는 암흑물질을 가정해야 하는데, 일부 물리학자들은 이계측 이론이 그 이유를 잘 설명해줄 것이라고 기대했다. 그러나 바이메트릭 이론은 물체가 공간 전체를 빛의 속도보다 빠르게 이동하도록 허용하기 때문에 중대한 문제를 일으키며, 심지어 논리적인 모순으로까지 이어진다. 이런 문제들을 피하기 위해 이론을 추가적으로 수정할 수는 있었지만, 이런 수정이 거듭되면서 태양계 안 사물의 운동에 대한 성공적인 예측을 내놓지 못했다. 설상가상으로 MOND의 초기 이론들은 중력에 의해 휘어지는 빛의 경로에 대하여 누가 봐도 부정확한 예측을 내놓았고, 은하단 같은 아주 거대한 계의 역학을 제대로 설명하지 못했다. 일부 학자들에게 MOND는 추상적인 아이디어로서 꽤 매력적이었지만, 관측과 이론 측면 둘 다에서 무수히 많은 문제가 불거졌다.

이런 문제들 때문에 많은 물리학자가 MOND 연구를 단념했다. 하지만 암흑물질을 가정할 필요가 없도록 중력을 수정하려는 노력은 근근이 이어졌다. 그러던 중 2004년에 유대인 물리학자 야코브 베켄슈타인Jacob Bekenstein이 제안한 MOND의 새로운 버전은 꽤 많은 문제를 해결할 가능성이 엿보였다. 베켄슈타인의 이론은 여러 면에서 MOND의 초기 버전보다 훨씬 복잡했지만, 이 복잡성으로 인해 이론은 더욱 유연해졌고, 태양계 안 천체의 운동과 관련된 여러 문제와 중력에 의한 빛의 경로 변화를 정확하게 예측하는 결과를 낳았다. 당시 수많은 우주론 학자가 베켄슈타인이 제안한 이론에 관심을 보이며 들썩였다. 심지어 암흑물질을 활발하게 연구하던 동료들 중에도 어쩌면 이 모든 게 환상일 수도 있지 않을까 자문하는 이가 있을 정도였다.

베켄슈타인의 이론은 찬란한 새벽을 맞이했지만, 곧바로 황혼이 찾아왔다. 2006년에 한 천문학자 그룹이 관측한 결과를 발표했는데, 우리 우주의 동역학을 주도하는 것은 MOND가 아닌 암흑물질이라는 것을 설득력 있게 보여주는 내용이었다. 이 천문학자 그룹은 "총알 은하단Bullet Cluster"을 연구하고 있었다. 총알 은하단은 두 개의 은하단으로 구성되어 37억 광년 떨어진 곳에 위치하고 있다. 천문학자들은 항상 은하단들을 관측하지만, 이 은하단은 약 1억 5000만 년 전에 서로 충돌하고 서로를 통과했다는 점에서 여타 은하단과 달랐다. 이 충돌이 엄청난 충격파를 만들어냈고, 은하단의 기체가 가열되면서 현재 온도인 약 2억 도까지 상승했다. 또한 총알 모양의 형태가 만들어지면서 이런 이름을 얻게 되었다.

총알 은하단을 다룬 2006년 논문에서는 완전히 다른 종류의 두 측정을 비교한다. 먼저 천문학자들은 이 은하단들이 근처를 지나거나 은하단을 통과하는 빛의 경로를 어떻게 휘게 했는지 지도로 설명했다. 이 지도는 기본적으로 가시물질과 암흑물질의 총질량이 이 계 전반에 어떻게 분포하는지 보여준다. 그런 다음 은하단의 뜨거운 기체에서 방출된 X선을 찬드라 인공위성 망원경Chandra Telescope으로 측정해 만든 지도와 질량 분포 지도를 비교했다. 은하단 안 가시물질의 질량은 대부분 이 뜨거운 기체의 질량으로 구성되어 있다. 논문의 핵심은 이 두 지도를 비교해보면 즉시 눈에 들어온다. 이 계에 포함된 가시물질—뜨거운 기체—대부분은 은하단 가장 안쪽 영역에 자리 잡고 있었지만, 중력의 중심은 다른 곳에 있었다. 천문학자들은 중력의 근원, 즉 암흑물질이 가시물질의 중심과 일치하지 않는 계를 최초로 발견한 것이다. MOND 이론 가운데 이런 것을 예측하는 이론은 전혀 없었다. 논문 저자들은 이런 내용을 반영해 논문 제목을 "암흑물질의 존재에 대한 직접적인 경험적 증거"라고 지었다.

요즘도 MOND는 여러 심각한 문제를 계속해서 직면하고 있다. 베켄슈타인의 이론을 포함해서 MOND의 버전들 중 어떤 것도 우주마이크로파배경의 상세한 특징이나 은하단의 동역학을 설명하지 못한다. 그리고 지난 수십 년 동안 측정이 더욱 정교해지면서 문제의 심각성은 점점 더해갈 뿐이다.

아직도 소수의 학자들이 계속 MOND를 연구하고는 있지만, 이제 MOND는 일반적인 과학 담론의 외곽으로 한발 물러나면서 비주류 주제가 되었다. 그러나 아주 희박한 가능성밖에 없다 하더라도, 암흑물질 입자들을 직접 관측하고 암흑물질의 본질을 최종적으로 확인할 때까지는 MOND 연구도 계속될 것 같다.

연구자로 살아오면서, 내가 한 연구 중 많은 부분이 암흑물질 문제에 집중되어 있었다. 나는 이 물질이 무엇으로 구성되어 있을지 몇 가지 가설을 제안했고, 그것을 검출하고 확인할 가능성이 있는 기술과 전략을 논의하는 논문을 10여 편 썼다. 그러나 이 신비로운 물질을 직접 확인하는 것이 내가 암흑물질과 관련하여 간절히 답을 원하는 유일한 문제는 아니다. 어쩌면 암흑물질 입자의 본질보다 초기 우주 시대에 이것이 어떻게 형성되었느냐 하는 문제가 더 흥미로울 것이다. 암흑물질의 본질을 연구함으로써 우리는 결과적으로 우리 우주의 첫 순간을 알게 되기를 바란다. 나는 언젠가 암흑물질이 빅뱅으로 향하는 창을 열어주리라 기대한다.

암흑물질의 기원에 대해 많은 것을 알지는 못하지만, 조금은 아는 것이 있다. 우주마이크로파배경 그리고 은하와 은하단의 분포를 관측하면 암흑물질이 우리 우주만큼이나 오래

되었음을 알 수 있다. 대략 빅뱅 후 10만 년쯤 지났을 무렵에도 암흑물질은 이미 존재하고 있었다. 그리고 암흑물질의 형성 과정을 정확히 모른다고 해도, 암흑물질을 창조했을 가능성이 있는 사건 또는 과정이 동시에 우리 우주 안의 수많은 원자핵을 파괴했을 것이고, 그로써 오늘날 발견되는 다양한 원소의 함량비를 바꾸어놓았을 수 있다. 빅뱅 핵합성의 예측이 그렇게 큰 성공을 거두었음을 감안하면, 암흑물질이 첫 번째 핵이 만들어지기 훨씬 전에 형성되었어야 한다는 결론 외에는 다른 선택이 거의 없다. 다시 말해 암흑물질은 빅뱅 후 몇 초 이내에 형성되었다는 것이다.

내가 가끔 출강하는 시카고대학교 대학원 과정에서, 학생들에게 다음과 같은 문제를 숙제로 즐겨 낸다. 일단 암흑물질의 가상 형태를 설명하고, 암흑물질 입자의 질량이나 그 밖의 조건들을 구체적으로 정해주고, 암흑물질 입자가 다른 형태의 물질이나 에너지와 상호작용하는 방식도 정해준다. 그런 다음 빅뱅 동안 얼마나 많은 암흑물질 입자들이 생성되는지, 그리고 이 부분이 더 중요한데, 그 후로 살아남아 오늘날 우리 우주 안에 존재할 입자의 양을 계산하게 하는 것이다.

이 문제의 답은 당연히 내가 이 가상의 암흑물질 입자들에 부여한 성질, 즉 질량과 상호작용 방식에 전적으로 좌우된다. 대체로 입자의 생성 부분은 계산이 쉬운 편에 속한다. 입자가 어느 수준의 상호작용만 경험한다고 해도 초기 우주 시대에 굉장히 많은 양이 생성될 것이다. 우주 역사의 초기 시대에 암흑물질 입자 쌍은 다른 입자들과의 충돌 과정에서 종종 생성되거나 파괴되었을 것이다. 숙제를 하는 학생들은 우주가 시작될 때 처음 있었던 암흑물질의 양과는 관계없이 함량비가 빠르게 진화한다는 것을 발견한다. 암흑물질 입자의 함량비는 증가하든 감소하든 생성과 파괴 속도가 같아질 때까지는 빠르게 변화한다. 다시 말해서 암흑물질 입자들은 주위에 있는 쿼크와 글루온의 플라스마 그리고 다른 형태의 에너지와 자연스럽게 평형 상태를 이루게 된다.

그러나 이 평형상태는 영원히 지속되지 않는다. 시간이 흐르고 우주가 계속 팽창하면서, 온도가 계속 떨어져 결국 새로운 암흑물질의 입자를 생성할 에너지가 부족해지는 시점이 온다. 더 많은 암흑물질을 만들어낼 방법이 없어지면 암흑물질 입자의 함량비는 급격히 감소하고, 암흑물질은 우리 우주에서 거의 전부 사라진다. 이런 온도 강하에서 살아남는 입자의 비율은 입자들의 상호작용 방식에 달렸다. 문제의 입자들은 안정적이기 때문에, 그냥 저 혼자서 사라질 수는 없고 두 개의 암흑물질 입자가 충돌해서 서로를 소멸시킬 때에만 파괴될 수 있다. 이 소멸 과정이 순조롭게 일어날수록 뜨거운 빅뱅에서 살아남은 암흑물질 입자들의 양은 더 적어진다. 이런 관점에서 볼 때, 오늘날 우리 우주에서 발견되는 암흑물질의 양을 통해 암흑물질이 다른 형태의 물질과 에너지와 어떤 식으로 상호작용할지 간접적으로 이해할 수 있다.

이 숙제 문제에서 제시된 과정이 초기 우주에서 어떻게 진행되었는지 쉽게 이해하기 위해, 간단한 게임을 떠올려보자. 게임 판이 하나 있고 그 위에 많은 수의 조각이 무작위로 흩어져 있다. 게임을 벌일 때마다 각각의 조각은 무작위로 결정된 방향으로 움직이고, 조각이 다른 조각을 건드리면 둘 다 게임 판에서 제거된다. 차례가 한 번 끝날 때마다 게임 판은 사방으로 확장되어 넓이가 20퍼센트씩 늘어나고, 판 위에 남은 조각들은 서로에게서 멀어진다.

이 게임에서 조각들은 암흑물질 입자를, 서로 건드릴 때 제거되는 것은 상호작용을 통한 상호 소멸을 의미한다. 그리고 게임 판은 우주 공간이며, 우주 역사의 초기 단계에 급속도로 팽창하는 모양을 나타낸다. 좀 더 구체적으로 정하기 위해, 판 위에는 조각들이—또는 입자들이—충분히 많이 있어서 첫 차례가 끝날 때 그중 90퍼센트가 제거된다고 하자. 두 번째 차례에서는 제거되는 조각의 비율이 훨씬 낮아질 것이다. 이렇게 가정해도 되는 이유는 두 가지다. 먼저 게임 판 위에 남은 조각이 10분의 1이라면, 하나의 조각이 다른 조각을 건드릴 확률도 10분의 1로 줄어든다. 그리고 게임 판의 면적은 더 커졌기 때문에, 조각 두 개가 서로 접촉할 확률이 더 낮아진다. 두 번째 차례가 끝나면 원래 있던 조각들의 약 9.25퍼센트만 판 위에 남아 있고, 열 번째 차례가 끝나면 약 7.25퍼센트로 감소한다. 쉰 번째 차례까지 가면 원래 있던 조각들의 6.8퍼센트만이 남는다. 재미있는 것은 이쯤 되면 판 위에 있는 조각의 수는 좀체 변하지 않는다는 것이다. 게임이 이때까지 진행되면 게임 판은 너무 크고 남은 조각의 수는 너무 적어서 조각들이 서로 접촉할 것을 기대할 수 없기 때문이다. 게임 시간을 무한대로 늘려도 마찬가지다. 게임 판 위에 남은 조각의 수는 더 이상 변화하지 않는다. 이와 마찬가지로, 초기 우주 시대에 암흑물질도 다른 형태의 물질이나 에너지와의 상호작용을 멈추면서 암흑물질의 함량비가 정해졌을 것이다.

이 문제에 포함된 계산 과정은 내가 대학원생이던 17년 전 이 문제를 처음 봤을 때와 비교해 크게 달라진 것이 없다. 이 문제가 보여주는 것은—그때나 지금이나—빅뱅에서 안정적인 입자 종이 탄생해서 오늘날 관측되는 암흑물질 밀도에 맞는 함량비가 성립하려면, 그 입자들의 쌍이 약한핵력과 비슷한 세기의 힘을 통해 상호작용하고 소멸해야 한다는 것이다. 힘의 세기가 이보다 더 강하면 물질들이 너무 많이 파괴되며, 입자의 양이 현재의 암흑물질을 설명하는 데 필요한 것보다 더 줄어든다. 약력보다 훨씬 약한 힘이라면 입자들이 훨씬 많이 살아남았어야 한다. 골디락스•의 이야기에서처럼, 암흑물질이 어떻게 빅뱅의 뜨거운 열기 안에서 생성되었는지 설명하기에는 약력이 "딱 알맞은" 힘처럼 보인다.

이 계산의 교훈, 적어도 2000년대 초반 내가 얻은 교훈은, 암흑물질이—그것이 무엇이든—대체로 약력을 통해 상호작용을 하는 입자로 태어났을 가능성이 높다는 것이었다. 우리는 이런 부류의 암흑물질 후보들을 '약하게 상호작용하는 무거운 입자weakly interacting massive particle', 줄여서 윔프WIMP라고 부른다. 지난 몇 년 동안 수많은 종류의 WIMP가 제안되었지만, 그중 어느 것도 실험에서 직접 검출된 적은 없었다. 지금까지 관측된 것 중에서 WIMP와 가장 가까운 것은 중성미자였지만, 이 입자들은 우리 우주의 암흑물질 대부분을 구성하기에는 너무 가볍고 너무 빠른 속도로 날아다닌다.

지금까지 실험에서 WIMP가 발견된 적이 한 번도 없음에도 많은 사람이 이 계산 뒤에 숨어 있는 논리가 굉장히 설득

• 영미권의 전래 동화 '골디락스와 세 마리 곰'에 등장하는 소녀의 이름. 더하거나 덜하지 않고 '딱 알맞은' 상태를 비유할 때 많이 쓰인다. —옮긴이

력 있다고 여겼다. 아무도 아직 확신하지는 못해도, 우리 중 다수는 암흑물질이 WIMP로 만들어졌을 가능성이 있다고 생각한다. 이 주장은 심지어 "WIMP의 기적"이라는 이름도 가지고 있다.

그러나 그때는 그랬고, 지금은 지금이다.

과학자들은 스스로를 이성적이고 지적이며 정직한 사람이라고 생각하기를 좋아한다. 그리고 대체로 그런 편이다. 아니면 적어도 그러려고 노력한다. 그러나 다른 사람과 마찬가지로, 과학자들도 인간으로서 약점을 지니고 있다. 사람들이 스스로를 기만하는 가장 흔한 방법 중 하나는 강력한 증거 때문에 무엇을 믿는 것이 아니라 사실이라고 믿고 싶어서 믿기로 선택하는 것이다.

자신은 결코 이런 식의 논리적 덫에 빠지지 않는다고 반사적으로 부정하고 싶을 것이다. 그러나 곧 있을 선거에서 마음에 드는 후보의 지지율이 뒤처진 설문 조사 결과를 보고, 그 결과를 신뢰할 수 없는 특이값으로 간주하고 무시한 때가 있지 않은가? 아니면 좋아하는 음식이 건강에 좋다는 뉴스 기사를 아무 비평 없이 사실로 받아들인 때는? 만일 설문 조사에서 좋아하는 후보의 당선이 우세하다는 결과가 나왔다면 1초도 고민하지 않고 그 결과를 타당하다고 받아들였을 가능성이 훨씬 높다. 그리고 만일 누가 내게 커피가 몸에 나쁘다고 말한다면, 음, 그건 그냥 사이비과학pseudoscience이라고 받아들일 것이다. 비합리적으로 생각하겠다고 의식적으로 결정하는 사람은 없다. 그러나 무의식적으로는, 가장 합리적인 사람도 가끔은 이런 유의 행동을 한다.

지난 몇 년 동안 나는, 혹시 나와 동료들이 암흑물질의 본질에 대해 그냥 희망사항을 믿어왔던 것은 아닌가 의심이 들기 시작했다. WIMP의 기적 이면의 주장들이 근본적으로 타당한 내용이더라도, 그 주장에는 몇 가지 중요한 주의 사항이 적용된다. 예를 들어 어떤 것이 지금 우리가 생각하는 우주의 팽창 방식과는 다른 방식으로 초기 우주를 팽창시켰다면, 이 계산의 결과는 굉장히 달라졌을 수 있다. 그렇지 않고 만일 암흑물질이 극도로 약하게—심지어 WIMP보다도 더 약하게—상호작용을 한다고 해도, 애초에 평형 상태에 도달할 만큼 충분히 자주 상호작용을 하지 않았을 것이고, 그렇다면 이는 우리의 논리를 전부 허물어뜨리는 결과를 초래한다. WIMP의 기적 이면의 논리가 어떤 사실을 강하게 암시한다고 해도, 완전한 것과는 거리가 멀다.

WIMP의 기적이 가르쳐주는 것 '같은' 암흑물질의 본질을 수많은 우주론 학자가 좋아했다는 심리적, 사회적 현실도 문제를 더욱 복잡하게 만들었다. 구체적으로 말해서, 물리학자들은 암흑물질이 정말로 WIMP로 만들어졌다면 사상 처음으로 암흑물질을 직접 검출하고 암흑물질 입자를 측정할 실험을 고안할 수 있다는 것을 깨달았다. 물리학자들은 분명히 이런 일이 현실에서 이루어지기를 간절히 바란다. 그런 실험이 가능하기만 하다면 완전히 새로운 형태의 물질을 발견할 뿐만 아니라 물질의 성질까지 측정할 수 있게 된다. 그런 실험은—생각인 동시에 바람이기도 하다—우주론과 입자물리학의 새 시대를 열 것이다.

잔뜩 동기 부여가 된 상태에서, 몇몇 실험물리학자는 암흑물질의 개별 입자를 최종적으로 검출할 수 있을 것으로 기대되는 실험을 설계하기 시작했다. 처음에는 겨우 몇 킬로그램 정도의 결정성 물질(저마늄, 실리콘, 텅스텐산칼슘, 요오드화나트륨 등)로 구성된 목표 물질로 단출하게 시작했지만, 시간이 흐르면서 실험의 규모와 정밀성이 꾸준히 증가했고 각자의 기술도 한계점까지 밀어붙였다.

낱알의 WIMP가 원자와 충돌하면 마치 작은 당구공들이 부딪힌 것과 비슷한 결과가 예상된다. WIMP의 운동량 일부는 원자로 전달되어 원자가 갑자기 밀려나간다. 이렇게 밀려나간 원자는 전자 일부를 잃어버릴 수도 있고, 계속 날아가는 핵이 다른 여러 원자와 충돌하면서 연쇄 반응이 일어날 수 있다. 종합적으로 고려할 때 WIMP와 원자가 충돌하면 가벼운 빛의 섬광, 열, 심지어 전기 전하가 결과물로 생성될 수 있다. 이런 결과는 정교하게 설치된 검출기에 포착될 것이다. 한 가지 다행인 점은 우리가 암흑물질 입자의 융단폭격을 꾸준히 받고 있다는 것이다. 만일 암흑물질이 일반물질과 아주 간혹이라도 상호작용을 한다면—계산상으로만 보면 WIMP가 그럴 가능성이 있다고 나오는데—그렇다면 이 장치들이 이런 충돌을 검출할 수 있어야 한다.

그러나 여러 모로 볼 때 검출은 쉬운 부분에 속한다. 진짜 도전 과제는 이런 검출기들과 상호작용을 할 수 있는 것이 암흑물질 입자들만이 아니라는 점이다. 암흑물질이 꾸준히 우리 주위를 통과해 지나가고 있다고 해도, 우리는 일반 원자들과 각종 복사들로 이루어진 거친 바다에 푹 잠겨 있다. 암흑물질 입자가 간간이 일으키는 충돌을 고립시켜 확인하기 위해서는 일단 주위의 원자들의 바다부터 잠잠하게 만들어야 한다. 우주는 굉장히 시끄럽고 변덕스러운 곳이다.

이를 위해 실험물리학자들은 감도가 대단히 높은 검출기를 제작해서, 주위 환경을 차단하도록 차폐 장치로 감싸고, 산란된 우주 복사로부터 보호받을 수 있도록 깊은 지하 실험실에 설치했다. 이런 검출기들은 LHC 같은 검출 장비와 비교하면 크기는 매우 작지만, 어떤 면에서는 LHC에 맞먹게 복잡하다. 그리고 지난 15년가량 장치의 감도는 믿을 수 없이 빠르게 증가했다. 현대의 암흑물질 검출기와 비교하면 10년 전의 것은 구닥다리처럼 보일 정도다. 최신 기술로 제작된 검출기들은 어마어마한 크기에 액체 제논 수 톤을 사용한다. 암흑물질 목표물로서 제논은 적어도 두 가지 주요한 장점이 있다. 먼저 제논은 불활성 원소(주기율표의 맨 오른쪽 줄)로서 매우 안정적이며 주위 물질과 반응하지 않는다. 두 성질 모두 암흑물질이 일으킬 신호와 뒤섞일 활동들을 최소화하는 데 도움이 된다. 그리고 두 번째 장점은 제논의 크기가 크다는 것이다. 제논 핵에 포함되는 양성자와 중성자의 총개수는 124에서 136개 사이이다. 핵이 크다 보니 제논은 유입되는 암흑물질 입자들과 충돌할 수 있는 효율적인 목표물이 된다. 지난 20여 년 동안 이런 검출기들의 성능은 지수함수적으로 증가했다. 해마다 감도가 두 배 이상씩 늘어난 것이다. 이와 비교하면 지난 반세기 동안 경험한 연산 속도의 증가율—무어의 법칙—도 거북이가 기어가는 것처럼 보일 정도다.

2000년대 초 나를 포함한 수많은 우주론 학자와 입자물리학자는 다가올 10년 안에 암흑물질 입자를 검출할 가능성이 높을 것으로 기대했다. 당시 나는 늦어도 2008년에서 2015년 사이에는 암흑물질을 발견할 수 있을 것이며, 기꺼이 내기를 걸겠다는 글도 썼다. 이제 그 시기는 과거가 되었는데도, 발견된 것은 없다.

이런 실험들의 결과는 양성자와 중성자에 대한 암흑물질의 '산란 단면적scattering cross section'이라고 하는 값으로 제시된다. 간단히 말해서 산란 단면적이란 암흑물질이 충돌하게 될 목표 양성자 또는 중성자의 크기라고 생각할 수 있다. 암흑물질 입자가 이 단면적을 통과하면 목표물을 맞힐 가능성이 있는 것이다. 이전의 실험 결과를 보면, 암흑물질을 구성하는 입자가 양성자보다 약 100배 무거울 경우 산란 단면적은 10^{-46}제곱센티미터보다 크지 않았다. 비교하자면, 낮은 에너지의 빛알이 전자기력을 통해 전자와 상호작용을 하는 단면적이 대략 7×10^{-25}제곱센티미터다. 다시 말해 이는 현대의 암흑물질 검출기에서 사용하는 단면적보다 1조 곱하기 10억 배 정도 더 넓다. 중성미자가 경험하는 상호작용을 암흑물질이 경험한다고 해도, 중성미자 실험 때 사용했던 단면적도 약 100만 배 더 크다. 암흑물질이 무엇인지는 몰라도, 지금까지 발견한 어떤 형태의 물질보다 훨씬 더 발견하기가 어려운 것이다.

이 점은 분명히 해두자. 암흑물질 입자를 여태껏 검출하지 못한 것은 실험이 부족해서가 아니다. 기술 측면에서 보면 암흑물질의 탐색 실험은 놀라울 정도로 성공적이었다. 현대에 진행되는 실험의 성능은 2006년의 실험보다 대략 1만 배 이상 강력하다. 이 자체로는 엄청난 성과다. 그럼에도 이런 실험에서 확인된 신호는 전혀 없다. 설명되지 않은 빛의 섬광, 열, 전하는 없었다. 오직 정적뿐이었다. 그러나 이 정적마저도 정보를 가지고 있다. 이런 실험들을 통해 암흑물질의 정체는 발견하지 못했지만, 그 과정에서 우리는 많은 것을 배웠다. 이제 우리는 암흑물질이 한때 상상했던 그런 것이 절대 아니라는 사실을 알게 되었다.

지하 실험과 LHC의 암흑물질 검출 시도에서 겪은 실패는 과학계에 뚜렷한 효과를 남겼다. 어쩌면 암흑물질은 여전히 우리 코앞에 존재할 수도 있지만, 오늘날 암흑물질을 연구하는 과학자 대부분은 그들이 좋아하는 암흑물질 후보 중 상당수가 지금까지는 검출되었어야 한다고 인정할 것이다. 애초에 암흑물질 사냥이 만만할 거라고 예상한 사람은 없었다. 그러나 솔직히 말해서 이렇게까지 어려울 줄은 예상하지 못했다.

암흑물질이 여전히 베일에 싸인 가운데, 과학계는 새롭고 가끔은 색다른 아이디어로 방향을 전환하기 시작했다. 이런 형편에 때로는 기운이 꺾이기도 했지만, 암흑물질과 관련된 이론 연구를 폭발적으로 발전시켰다는 긍정적인 효과도 있었다. 예를 들어 암흑물질이 '숨겨진 영역hidden sector'을 구성하는 여러 입자종 중 하나라는 이론들이 최근에 많은 관심을 받았다. 숨겨진 영역 입자들은 일반 입자들과 직접 상호작용을 하지 않기 때문에 지하 실험에서 검출되거나 가속기에서 생성되기가 무척 어렵다는 내용이다. 그리고 이런 이론이 발전하면서 실험도 눈에 띄게 발전했다. 과학자들은 이전에 눈여겨보지 않았던 암흑물질 후보군들을 더욱 다양하게 테스트하겠다는 목표를 가지고, 새롭고 색다른 실험들을 개발해 수행하고 있다.

암흑물질 연구는 지하 실험의 놀라운 발전으로 말미암아 거대한 혼란에 빠졌다. 결국 암흑물질은 한때 예상했던 것과는 매우 다르다는 사실이 밝혀졌기 때문이다. 암흑물질이 그토록 고집스럽게 모습을 감추고 있다는 사실에 나와 동료들은 놀라움과 당혹을 느낀다. 우리로서는 암흑물질 입자가 지금쯤이면 발견될 것이라고 기대할 만한 이유가 충분했다. 그럼에도 사냥은 계속되고 있고 미스터리는 점점 더 미궁에 빠지고 있다. 물리학자들은 각자 자신의 칠판으로 돌아가서 애초에 세웠던 가정들을 다시 들여다보며 고치는 중이다. 상처 입은 자아와 조금은 겸손해진 마음가짐으로, 우리는 세상을 이해할 새로운 방법을 찾고자 절박한 시도를 하고 있다.

8장

암흑물질의 신호를 찾아서

오리처럼 걷고 오리처럼 헤엄치고 오리처럼 꽥꽥거리는 새를 보면,

나는 그 새를 오리라고 부른다.

—제임스 휘트컴 라일리James Whitcomb Riley의 말로 추정

얼마 전에 만난 친구 하나가 내가 무슨 일을 하는 사람인지 이해하기가 좀 어려웠다고 말했다. 그는 내가 물리학자라는 것을 알고, 암흑물질과 우주론 같은 주제를 연구한다는 것도 안다. 그렇지만 "암흑물질을 연구한다"는 말이 도대체 무슨 의미일까? 친구는 나에게 말했다. "그러니까 네가 아침에 출근해서 사무실에 들어가. 그리고 외투를 벗어. 커피도 한 잔 가져오고. 그런 다음에는 뭘 하는 거야?"

이 질문은 독자 여러분에게 내가 하는 연구 중 일부를 이 장에서 설명해야겠다는 직접적인 동기가 되었다. 이 이야기를 시작하기 위해 2009년으로 가보자. 2009년에 나는 우리 은하의 중심에서 기이한 감마선 신호를 포착했다. 이 감마선은 빠르게 회전하는 수천 개의 중성자별, 즉 펄사pulsar에 의해 만들어졌을 수 있다.—아마도 누군가는 그럴 가능성이 높다고 말할 것이다.—이 자체만 놓고 봐도 흥미로운 발견이었다. 그러나 더욱 흥미로운 것은 이 감마선이 펄사와 관련된 것이 아니라 암흑물질 입자에 의해 만들어졌을 가능성이 있다는 것이었다. 만일 이것이 사실이라면, 이 신호는 암흑물질이라는 신비로운 물질의 본질을 밝혀줄 최초의 진정한 실마리가 될 수 있고, 동시에 빅뱅 후 첫 100만분의 1초 동안 암흑물질이 어떻게 형성되었는지 엿볼 수 있는 중대한 계기가 될 것이었다.

이 장을 마무리할 때 이 이야기가 현재 어떻게 진행되고 있는지 쓸 생각이다. 그러나 이야기의 결말을 말해줄 수는 없다. 이 이야기의 마지막 장은 아직 쓰이지 않았다.

2009년 8월 말의 어느 아침, 나는 페르미 연구소Fermilab의 주 건물인 윌슨홀 6층에 있는 내 사무실에 있었다. 외투는 이미 벗었고 진한 커피를 한 잔 직접 만들어 왔다. 이제 책상 위에 발을 올려놓고 앉아서 노트북 화면을 바라보았다. 지난 몇 주 동안 나는 페르미Fermi[•]라는 이름의 감마선 망원경에서 수집한 데이터를 분석하는 프로그램을 짜고 있었다.

페르미 망원경은 일반인들이 연상하는 망원경과는 많이

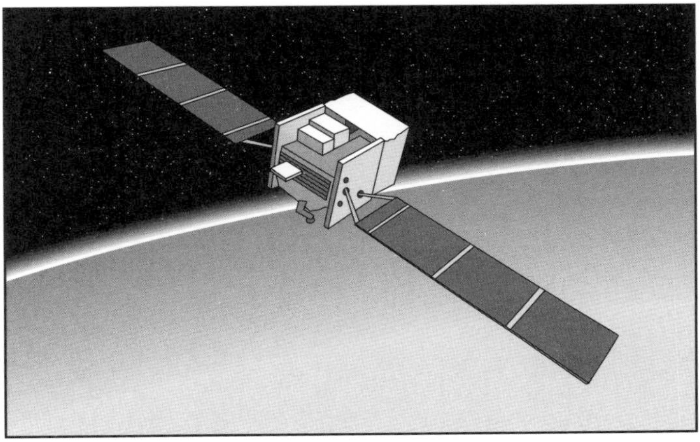

삽화가가 묘사한 페르미 감마선 망원경.

다르다. 페르미 망원경은 렌즈와 거울이 없으며, 인간이 볼 수 있는 빛은 보지 못하는 대신 가시광선 빛알보다 1억 배 더 많은 에너지를 가진 감마선을 감지하도록 설계되었다. 그리고 수많은 현대식 망원경이 산꼭대기에 설치되어 있지만, 페르미 망원경은 그보다 훨씬 더 멀리, 위성에 실려 지구 547킬로미터 상공에 떠 있다.

2008년 6월 11일, 페르미는 케이프커내버럴에서 발사된

• 페르미 망원경은 페르미의 이름을 땄다는 점 말고는 페르미 연구소와 직접적인 관련은 없다. 페르미는 입자물리학과 천체물리학에 중대한 기여를 한 인물이다.

델타II 7920-H 로켓에 실려 성공적으로 지구 저궤도에 올랐다. 그 후로 페르미는 꾸준히 하늘을 스캔하며 정밀하게 설계된 검출기로 감마선의 에너지와 방향을 포착해 기록하고 있다. 페르미는 현재까지 제작된 것 중 가장 상세한 감마선 지도를 작성하고 우리 우주에서 가장 변덕스러운 천체들과 환경을 상세히 조사하도록 설계되었다. 예를 들면, 초대질량 블랙홀은 어마어마한 양의 물질을 집어삼키면서 밝은 감마선 제트jet[•]를 만들어낼 수 있는데, 페르미는 우주 자체의 크기만큼 먼 거리에서 발생한 감마선 제트도 감지할 수 있다. 지금까지 페르미는 1000개가 넘는 이런 천체들로부터 감마선을 검출해왔다. 또한 감마선 폭발체라고 하는 신종 천체도 페르미의 주요 목표물이었다. 페르미는 우리 은하 안에서 빠르게 회전하는 중성자별, 즉 펄사의 위치를 지도로 그려서 개수를 헤아릴 수 있을 것으로 기대되었다. 페르미를 설계하고 제작한 과학자들과 엔지니어들은 우리 우주에서 가장 극단적인 천체에 관해 많은 것을 알려줄 이 망원경에 큰 기대를 걸었다. 그러나 페르미는 이런 천체들을 연구하는 데 그치지 않고 훨씬 더 극적인 성과를 내놓을 가능성도 있었다. 운만 좋으면, 페르미가 암흑물질의 본질을 밝혀줄지도 몰랐다.

• 빛의 속도에 가깝게 입자를 분출하는 현상. — 옮긴이

감마선 망원경을 암흑물질 연구에 사용하자는 아이디어는 새로운 것이 아니다. 페르미가 가동되기 30년도 더 전인 1978년 밸런타인데이에, 놀라운 선견지명을 보여준 논문 두 편이 학술지 「피지컬 리뷰 레터스Physical Review Letters」에 나란히 실렸다. 독자적인 두 연구팀의 과학자들—짐 건, 벤 리, 이안 레르케, 데이브 슈램, 게리 스타이그만, 플로이드 스테커—이 작성한 두 논문은 현재 우리 우주에서 암흑물질 입자의 작지만 중요한 일부가 소멸 과정을 겪고 있을 가능성이 있다는 주장을 담고 있다. 암흑물질 입자가 방출하는 빛은 무시할 수 있을 만큼 소량이지만, 암흑물질이 집단으로 모여 있을 때는 훨씬 더 밝은 신호를 만들어낼 것이다. 특히 암흑물질 입자 쌍이 서로 접촉하고 소멸할 때 질량이 다른 형태의 에너지로 변환될 수 있는데, 감마선도 그중에 포함될 수 있다. 만일 이 감마선을 포착할 수 있는 망원경을 제작한다면, 암흑물질의 성질을 연구할 수 있을 뿐 아니라 우리 우주 전반에 분포한 암흑물질을 지도로 그릴 수도 있다. 이것이 암흑물질 지도가 되는 것이다. 이 같은 관측으로 얻은 정보는 빅뱅 후 첫 순간에 암흑물질의 생성 과정을 추론하는 데에도 사용될 수 있다. 이것은 무척이나 흥미로운 가능성이었다. 논문이 발표되었을 때 나는 한 살이었다. 언제나 대책 없는 낭만주의자인 나는 암흑물질의 신호를 찾아 하늘의 감마선을 바라보게 될 내 운명이 그 발렌타인데이에 결정되었다고 생각하는 걸 좋아한다.

대학원생이던 2002년에 감마선을 이용한 암흑물질 연구를 주제로 첫 논문을 썼다. 이후 몇 년 동안 계속 이 문제를 숙고하면서, 암흑물질에서 나온 감마선의 형태를 구체적으로 정의하고 이 신호를 평범한 천체에서 발생한 고에너지 빛알과 구별하는 방법을 연구했다. 우리는 결코 쉬울 거라고 생각지 않았지만, 페르미가 기술적으로 거대한 도약을 보여주었기 때문에 배경 신호로부터 암흑물질 신호를 포착해낼 수도 있겠다는 기대가 영 터무니없지는 않았다.

여러 곳을 뒤져볼 수 있겠지만, 가장 가능성 있어 보이는 곳은 우리 은하의 중심이었다. 최고 수준의 관측과 컴퓨터 시뮬레이션을 통해 우리 은하 중심 근처의 암흑물질 밀도가 꽤 높다는 사실이 알려졌는데, 그렇다면 그곳의 암흑물질 입자가 매우 빠른 속도로 상호작용을 하며 소멸하고 있으리라 기대할 만했고, 소멸 과정에서 엄청난 양의 감마선이 생성될 것이었다. 이 계산에는 수많은 미지수가 포함되긴 했지만, 일반적으로 이 암흑물질 상호작용이 밝은 구름 같은 감마선 신호를 만들어내리라 기대할 수 있었고, 이 신호가 우리 은하의 초대질량 블랙홀을 중심으로 사방으로 퍼져나가고 있을 것이었다.

다시 2009년 8월의 그날 아침으로 돌아가보자. 페르미는 당시 1년 정도 궤도 비행을 하고 있었지만, 나 같은 외부 과학자들이 볼 수 있는 첫 번째 데이터가 나온 것은 몇 주 되지 않았다. 몇 주 동안의 작업 끝에, 내가 짠 분석 프로그램이 마침내 완성되었다. 프로그램이 목표대로 잘만 돌아가면 관측된 감마선 분포를 얻을 것이고—방향과 에너지 측면에서—이 정보를 가지고 이 고에너지 빛알들이 암흑물질에서 왔는지 아니면 다른 천체물리학적 과정을 통해 만들어졌는지, 또는 그 두 조합의 결과물인지 추론할 수 있을 것이었다. 나는 코드를 실행하고 일부 결과를 그래프로 찍었다. 그래프가 화면에 뜨자, 나는 무슨 생각을 해야 좋을지 몰랐다.

아이작 아시모프Isaac Asimov가 남긴 유명한 말처럼, 과학적 발견의 도래를 알리는 말은 "유레카!"가 아니다. 그보다는 오히려 "흠, 이거 재미있는데……." 쪽에 더 가깝다. 나는 모니터에 몸을 바짝 기울이고 지금 내가 뭘 보고 있는지 알아내려고 생각에 빠졌다. 그 순간 내 얼굴에 실망의 표정이 떠오른 것도 느껴졌다. 내가 찍어놓은 데이터는 기대하던 것과 전혀 비슷하지 않았다. 내가 기대했던 것은 매끄러운 스펙트럼 모양이었고, 기체 또는 복사와 상호작용하는 우주선cosmic ray 같은 평범한 천체 물리 현상으로 쉽게 설명할 수 있는 그런 것이었다. 그런 스펙트럼으로부터 계산을 통해 암흑물질 소멸률의 새 상한값을 강력하게 정의할 수 있을 것이고, 어쩌면 그 결과가 우리 우주의 암흑물질을 서술할 수 있는 이론의 범위를 정하는 데 도움이 될 것이었다. 좋은 논문 소재였다. 그러나 얼핏 봐도 이 데이터는 달라 보였다. 놀랍게도 우리 은하 중심에서 나온 감마선 스펙트럼은 그다지 매끄럽지 않았고, 그 대신 2기가전자볼트 주위에 집중된 에너지 범위에 걸쳐 기이한 돌기 모양의 특징들이 보였다. 나는 책상에 몸을 잔뜩 기댄 채 화면을 노려보았다. 혼란에 빠진 채로. 이런 걸 보리라고는 전혀 기대하지 않았다고 거듭거듭 생각하고 있었다. 그렇지만 이것은 암흑물질과 정말 많이 비슷해 보였다.

나는 이 첫 그래프를 동료 몇 사람에게 보여주었고, 그중에는 리사 구드너프Lisa Goodenough도 있었다. 그녀는 프로젝트의 협력자이자 당시 뉴욕대학교의 대학원생이었다. 동료들 중에도 이걸로 뭘 하면 좋을지 아는 사람이 없었다. 암흑물질 소멸률에 새로운 상한을 제시하는 논문은 단순명료하고 상대적으로 쓰기도 쉬울 것이었다. 그러나 우리 앞에 놓인 데이터로는 이런 내용의 논문이 나올 수 없었다. 그래서 한 달 반 정도 테스트와 검산을 거친 후에, 우리는 다른 내용의 논문을 쓰기 시작했다. 논문 제목은 “페르미 감마선 우주망원경으로 본 우리 은하 중심의 암흑물질 소멸에 관한 가능성 있는 증거Possible Evidence for Dark Matter Annihilation in the Inner Milky Way from the Fermi Gamma Ray Space Telescope"였다.

동료 중 대다수가 우리 논문에 좋게 반응하지 않았다고 말해야 공정할 것이다. 그들 중 일부는 우리가 감마선 배경을 서술하기 위해 지나치게 단순한 모델을 사용했고 결과를 왜곡했을 가능성이 있다며 공공연하게 반대 의견을 내놓았다. 다른 이들은 페르미가 끼쳤을 기계적 영향을 제대로 설명하지 않았다고 우려를 표했다. 이런 의견들은 모두 어느 정도는 사실이었다. 우리의 데이터 해석은 다소 어설펐고, 사람들이 회의적인 태도를 보인 데에는 그럴 만한 이유가 있었다. 더 걱정스러운 것은, 페르미 망원경과 관련된 과학자 몇 사람이 우리에게, 우리 것과 같은 데이터를 본 적은 있지만 같은 결과를 재연할 수 없다고 말해준 것이었다. 그들이 우려하기로는, 은하 중심에서 나오는 암흑물질 신호 같은 것은 없었다.

여섯 달 남짓 우리 연구에 대한 부정적인 압박과 비판적인 코멘트를 받은 후, 리사와 나는 다시 데이터로 돌아갔다. 솔직히 그때는 막막했다. 사람들의 비판이 어느 정도는 타당해 보였지만, 가장 목소리를 높였던 반대파들의 주장 가운데에는 완전히 틀린 내용도 있는 것 같았다. 확실한 것은 은하 중심이 페르미 같은 망원경으로 관측하기에 무척이나 흥미로운 곳이고, 거기서 우리가 뭘 알아낼지는 그때까지 누구도 확고히 한 적이 없다는 것이었다. 그와 동시에, 동료들이 우리가 낸 결론을 신뢰하게 하려면 지금보다 더 깊이 파고들어야 한다는 것도 잘 알았다. 그래서 두 번째 해석에서는 기기의 분해능 같은 요인들을 계산에서 신중히 고려하고, 일차적인 배경을 구성하는 천체물리학적 근원들 다수를 상세히 모형화했다. 그러나 수정된 분석 프로그램을 실행하자 또 다시 이상한 돌기가 감마선 스펙트럼에 나타났다. 그리고 이번에는 감마선 신호 패턴이 더 분명하게 보였다. 모든 면에서 볼 때, 결과 데이터는 여전히 암흑물질 같아 보였다.

우리는 이 결과를 두 번째 논문에 게재했다. 여러 반응이 뒤섞여 있었지만, 나 자신은 이 신호가 진짜이고 암흑물질로부터 나온 결과일 수도 있다는 확신이 어느 정도 들었다. 나는 이 내용을 가지고 세미나와 학회 발표를 10여 차례 했고, 최대한 많은 사람을 만나 이것이 흥미로운 결과이며 진지하게 받아들여야 한다고 설득했다. 그와 동시에 데이터를 여러 가지 새로운 방식으로 계속 검토했고, 2011년에 산타크루즈 캘리포니아대학교의 대학원생 팀 린든Tim Linden과 함께 세 번째 해석을 발표했다.

2012년에 접어들자 다른 그룹의 과학자들도 이 데이터에 대한 각자의 분석 결과를 내놓기 시작했다. 그들도 나와 동료들이 보고한 것과 상당히 비슷한 신호를 확인했다. 나는 누명을 벗은 홀가분함과 흥분을 동시에 느꼈고, 이제는 토론 주제가 감마선 신호의 존재 여부를 넘어 이 신호를 만든 것이 무엇인가로 넘어가기를 간절히 바랐다. 그러나 상황은 내 생각대로 흘러가지 않았다. 새로운 연구 결과가 나온 후에도 페르미 망원경과 관련된 과학자 다수는 그런 신호가 아예 존재하지 않는다고 계속 주장했다.

이 시기에 다양한 과학자 그룹에서 이 데이터 집합을 더 잘 이해하기 위해 열심히 연구했다. 2013년에 나는 하버드, 매사추세츠 공과대학, 페르미 연구소, 시카고대학교의 연구팀에 속해 연구를 진행하고 있었고, 이 그룹들은 다양한 분석 기법과 접근법을 사용해 페르미에서 얻은 데이터를 시험하고 분석했다. 2014년 2월, 우리는 그간의 결과를 정리한 긴 논문을 발표했다. 마침내 오랜 시간 끝에 많은 과학자에게 그 신호가 진짜라고 설득시킨 논문이었다. 심지어 NASA도 페르미를 운용하는 과학자들의 입장을 대변해 이 신호가 데이터 안에 진짜로 존재한다는 것을 인정하는 내용의 보도자료를 냈다. 거의 5년이 걸렸지만, 이 신호가 정말로 존재한다는 합의가 서서히 나타나기 시작했다. 그러나 그것이 정말로 암흑물질의 결과인지 여부는 완전히 다른 문제였다.

이 무렵 페르미가 은하 중심에서 관측한 감마선 신호에 대해 많은 것이 알려졌다. 강도와 스펙트럼의 모양, 심지어 하늘에 펼쳐진 범위까지 타당하게 잘 측정되었다. 그리고 이러한 각각의 측면에서 측정 결과는 소멸하는 암흑물질과 놀라운 수준으로 일치했다. 예를 들어, 만일 이 신호가 진짜로 암흑물질에서 나온 것이라면 감마선이 하늘에 분포한 방식과 암흑물질이 은하 중심 전반에 공간적으로 분포한 방식이 대응해야 한다. 은하의 형성과 진화를 전문적으로 연구하는 천체물리학자들은 이미 암흑물질의 분포를 예측했었는데, 그들의 예측과 우리의 데이터를 비교하면 상당 부분 일치했다. 하늘 전반에 펼쳐진 이 감마선 패턴은 암흑 물질에서 나올 것이라 기대했던 신호와 굉장히 비슷해 보인다.

또 다른 접근법으로, 페르미 데이터로 암흑물질이 이 신호의 원인인지 여부를 결정할 뿐만 아니라 암흑물질 입자 자체의 성질과 특성을 측정할 수 있었다. 특히 이런 유형의 상호작용에서 만들어지는 감마선 스펙트럼은 암흑물질 입자 자체에 관한 것뿐 아니라 소멸 과정에 대해서도 많은 정보를 담고 있다. 페르미 데이터의 경우, 측정된 스펙트럼은 암흑물질 입자가 양성자보다 50~60배 무겁고, 소멸할 때 생성되는 입자가 대부분 쿼크나 글루온일 것으로 예측했던 내용과 잘 들어맞았다. 신호의 전반적인 세기도 이 입자들이 약력을 통한 상호작용을 할 경우 서로 소멸하는 비율이 예상한 것과 비슷하다는 것을 보여주었다. 요약하자면, 측정된 신호 세기는 WIMP의 기적을 바탕으로 나온 예측들과 일치하는 것 같았다. 그러니까 다른 각도에서 봐도 이 감마선들은 암흑물질의 신호와 아주 비슷해 보였다.

그러나 모든 걸 감안한다고 해도, 본질적으로 과학계는 회의적인 태도를 고수하며 새로운 발견에 대한 주장을 쉽게 받아들이지 않는 경향이 있다. 대개의 경우 이는 바람직하다. 사실 뭔가를 발견했다는 주장이 가짜로 밝혀지는 경우가 압도적으로 많고, 그런 주장들을 일일이 들여다보려면 뭐 하나 제대로 되는 일이 없을 것이다. 그리고 공정하게 말해서, 이 감마선 신호의 특성이 소멸하는 암흑물질 입자에서 기대했던 것과 많은 부분 일치할지라도, 그 신호가 반드시 암흑물질에서 나왔다고 입증하는 것은 아니다. 어떤 것이 오리처럼 꽥꽥거린다고 해도, 그것이 반드시 오리라는 의미는 아닌 것이다.

2010년 초부터 나를 포함한 여러 과학자는 페르미 데이터에서 발견한 것 같은 신호를 만들 수 있는 천체물리학적 근원 또는 메커니즘을 활발하게 고찰하고 있었다. 그러나 데이터의 양이 늘고 분석 기술이 발전함에 따라, 과학자들의 제안은 대부분 서서히 배제되었다. 일례로 처음에 어떤 과학자는 이 신호를 구성하는 감마선 대부분이 우리 은하의 초대질량 블랙홀에서 나왔을 수도 있다고 생각했다. 얼마 전부터 천문학자들은 우리 은하의 중심에 태양보다 약 400만 배 무거운 거대한 블랙홀이 자리 잡고 있다는 것을 알았다. 그런 천체가 입자들을 가속하고 페르미에 포착된 것 같은 고에너지 복사를 만들어낸다는 것은 분명히 그럴싸한 이야기였다. 그러나 현재는 문제의 감마선 신호가 은하 중심으로부터 모든 방향으로 적어도 10도 이상의 각도로 펼쳐져 있다고 알려져 있다. 이 정도면 유일한 중심 근원에서 발생한 신호의 폭으로는 너무 넓다. (태양이나 달과 비교하면, 지구에서 볼 때 각각의 직경은 0.5도 정도다.) 또한 은하 중심 근처에서 최근 일련의 사건들이 발생해 막대한 양의 전자 또는 양성자를 엄청난 속도로 가속했고, 그 결과 이 입자들이 외부로 뻗어나가며 주위 기체와 별빛과 상호작용을 하면서 감마선을 만들어냈을 가능성도 고려해보았다. 그러나 이런 시나리오 역시 데이터를 더 깊이 이해하게 되자 신빙성을 잃었다. 그러한 우주선의 급격한 증가는 현재는 이 신호와는 크게 상관이 없어 보인다.

그러나 여전히 가능성 있어 보이는 설명이 또 하나 있다.

감마선을 연구하는 천문학자들을 대상으로 문제의 감마선을 만들어냈을 가능성이 가장 높은 게 무엇이라고 생각하느냐고 설문 조사를 한다면, 십중팔구 이 단어를 듣게 될 것이다. 바로 펄사다.

별들은 평생 동안 안쪽으로 당기는 중력과 핵융합이 밀어내는 압력의 균형 위에 존재한다. 대부분의 경우 별의 평형상태는 수십억 년 또는 수백억 년까지도 지속된다. 그러나 결국 별의 핵연료는 고갈될 수밖에 없다. 그리고 연료가 고갈되면 중력이 별을 장악하고 별은 완전히 다른 형태로 탈바꿈한다.

지금부터 약 50억 년이 흘러 태양의 핵에서 수소가 고갈되면, 중력에 의해 태양의 막대한 질량이 지구 정도의 부피로 단단히 압축되어, 백색왜성이라고 하는 죽은 별이 형성된다. 별이 클수록 별의 연료는 더 빨리 소모된다. 거대한 별들은 활활 뜨겁게 타오르고 빨리 죽는다. 태양보다 질량이 수십 또는 수백 배 큰 별들은 고작 수백만 년이 지나면 내부의 융합을 멈추고, 별의 일생은 엄청난 중력의 힘이 고취한 극적인 폭발로 마무리된다. 이것이 초신성이다. 폭발이 멈추면 거대한 별의 잔재는 대부분 블랙홀이 된다. 블랙홀은 자연에서 볼 수 있는 매우 극단적인 대상 중 하나이며, 자연의 다른 모든 측면에 대한 중력의 총체적 승리를 표현하는 결과물이다. 블랙홀은 중력에 완전히 장악되며, 빛조차도 블랙홀을 빠져나가지 못한다.

이런 경쟁에서는 항상 마지막에 중력이 승리하지만, 그 승리가 완벽한 것은 아니다. 태양 질량의 10~30배 정도의 질량으로 출발한 별은 초신성으로 폭발하더라도 완전히 블랙홀로 붕괴하지는 않는다. 그 대신 이런 별들은 중성자별이라고 하는 다른 종류의 기이한 천체가 된다.

블랙홀처럼 극단적이지는 않겠지만, 중성자별도 마찬가지로 경이롭다. 중성자별은 인간이 경험할 수 있는 것과는 완전히 다른 형태의 물질로 구성되어 있다. 별이 중성자별로 붕괴할 때, 중력은 집요하게 작용해 사실상 별의 본질 자체를 변형시킨다. 붕괴 과정에서 별의 원자들은 어마어마한 힘에 휘둘린다. 원자는 전자기력을 총동원해 외부의 압박에 저항하지만, 그것만으로는 충분치 않다. 그렇게 해서 결국에는 전자와 양성자가 거의 모조리 파괴되고 완전히 소멸한다. 그들이 있던 자리에는 이전과는 완전히 다른, 상상을 초월하도록 조밀한 형태의 물질, 그러니까 완전한 중성자로만 이루어진 물체가 남는다.

이쯤에서 잠시 중성자별의 놀라운 밀도를 이해하는 것도 좋겠다. 전자기력은 전자들을 서로 최대한 멀리 떼어놓도록 작용하므로, 일반 물질을 아무리 쥐어짜도 압축할 수 있는 부피에는 한계가 있다. 일반 물질은 1세제곱센티미터당 10~20그램의 밀도 이상으로 압축하는 것이 거의 불가능하다. 지구상에서 가장 밀도가 높은 물질은 금속 원소인 오스뮴인데, 이 물질의 밀도도 1세제곱센티미터당 22.6그램밖에 되지 않는다. 그러나 일반적인 형태의 물질과는 달리, 중성자별을 구성하는 물질은 압축에 저항할 전자나 양성자가 없다. 결과적으로 중력의 힘을 거스를 방법이 거의 없고, 붕괴하는 별은 태양과 맞먹는 질량이 작은 도시 크기의 부피 안에 압축된다. 그렇게 해서 지구에서 발견된 가장 조밀한 물질보다도 수조 배 이상 조밀한 물질이 형성된다.

이렇게 갑작스러운 압축은 별의 붕괴 과정에서 또 다른 결과를 가져온다. 별들은 대부분 자전축을 중심으로 부드럽게 회전하고 있다. 태양을 예로 들면, 태양은 축을 중심으로 25일마다 한 바퀴씩 회전한다. 그러나 회전하는 물체가 압축되면 회전 속도가 더 빨라진다. 피겨스케이트 경기를 즐겨본 팬이라면 잘 알 것이다. 스케이터가 팔을 몸통 쪽으로 당기면 회전 속도가 더 빨라지는 것을 떠올려보자. 별이 중성자별로 붕괴할 때도 마찬가지로 회전 속도는 점점 더, 상상을 초월하도록 빨라진다. 태양이 갑자기 중성자별 크기로 압축된다면, 태양은 초당 1000회에 가까운 엄청난 속도로 회전할 것이다. 그래서 어린 중성자별은 밀도가 터무니없이 높을 뿐 아니라 자전 속도도 어마어마하다.

이런 식으로 회전하는 어린 중성자별에 저장된 에너지 총량은 가히 충격적이다. 그리고 이 에너지는 전파와 감마선의 강력한 빔 형태로 서서히 주위 세상으로 퍼져나간다. 중성자별이 회전하면서 이런 빔은 등대의 불빛처럼 사방으로 뻗어 나간다. 우리의 관점에서 볼 때, 중성자별의 빔은 1회 회전할 때마다 한 번 또는 어쩌면 두 번 정도 우리 쪽을 향할 수 있다. 이것이 강렬한 밝음과 어둠이 교차하는 패턴을 형성한

펄사는 빠르게 회전하는 중성자별로 전파와 감마선의 강력한 빔을 방출한다.

다. 이러한 펄스 패턴 때문에 회전하는 중성자별은 '펄사'라는 이름을 얻게 되었다.

펄사는 그 자체로 굉장히 매력적인 물체다. 천문학자들은 중성자로만 이루어진 이 극단적인 별을 관측하면서 펄사 자체에 대해 그리고 별의 진화에 대해 굉장히 많은 것을 배웠다. 뿐만 아니라 펄사 주위에서는 중력의 효과가 대단히 강력해서, 펄사 관측을 통해 아인슈타인의 일반상대성이론의 한계를 시험할 수 있다. 이 같은 여러 이유로 많은 천문학자가 펄사를 좋아한다. 그러나 암흑물질 사냥꾼들에게 펄사는 종종 골칫거리가 되곤 한다. 그 무수한 매력에도 불구하고, 펄사는 우리 우주 안에서 내가 가장 싫어하는 천체다.

1967년에 펄사가 처음 발견된 이래로, 전파천문학자들은 우리 은하 전반에 수천 개의 펄사가 흩어져 있는 것을 관측했다. 그리고 페르미 망원경을 이용해 200개 이상의 펄사에서 방출되는 감마선 신호를 포착했다. 전파천문학자들과 감마선 천문학자들이 조사한 천체 중에 펄사만큼 집중적으로 연구된 천체는 또 없을 것이다.

그러나 페르미 이전에는 펄사가 감마선 빔을 어떻게 생성하는지 잘 알지 못했다. 페르미 이전 세대 망원경인 EGRET 망원경으로 몇몇 천체로부터 감마선을 관측했지만, 이 분야가 제대로 발전한 것은 페르미가 등장하면서부터다. 현재는 수많은 펄사를 상세하게 측정하면서, 펄사의 회전이 펄사에서 방출되는 감마선의 세기와 스펙트럼 형태에 어떤 영향을 미치는지 알아내고 있다. 사실 암흑물질 사냥꾼들이 분통을 터뜨리는 대상이 바로 이 펄사의 스펙트럼 형태다. 펄사의 스펙트럼 형태가 암흑물질이 내보낼 것으로 예측하는 신호와 굉장히 닮았기 때문이다. 암흑물질 사냥에서 펄사는 종종 바람잡이 같은 역할을 한다.

대부분의 펄사에서 나오는 감마선 스펙트럼은 2기가전자볼트 주위에서 또렷하게 튀는 돌기 같은 모양을 포함해서, 페르미로 관측한 우리 은하 중심의 신호와 많이 비슷하다. 페르미로 보면 우리 은하 중심 근처에서 활발히 활동 중인 수많은 펄사는 뾰족뾰족한 스펙트럼을 가진 분산된 감마선 구름처럼 보인다. 다시 말해서 만일 우리 은하 중심 전반에 감마선을 정통으로 쏘아대는 수많은 펄사가 자리 잡고 있다면, 페르미 같은 망원경으로는 이 신호와 암흑물질로부터 나오는 진짜 신호를 구별하기가 대단히 어려울 것이다.

그렇다면 과연 어느 쪽일까? 우리가 보는 이 신호는 암흑물질에서 온 것일까, 아니면 펄사에서 온 것일까? 사실 아직은 모른다. 한편으로는, 암흑물질 입자는 가설인 반면 펄사는 실제로 존재하는 천체다. 이 단순한 사실만 놓고 보면 펄사의 신호일 가능성을 진지하게 고려할 만하다. 그러나 다른 한편으로는, 은하 중심 근처에서 확인된 펄사는 지금까지 단 하나였으며, 이 펄사는 우리가 얻은 감마선 신호를 방출하는 그런 종류가 아니었다. 만일 정말로 은하 중심 근처에 펄사가 많이 있다면, 예외적으로 두드러지게 밝은 감마선을 방출하는 펄사를 이미 관측했어야 한다. 그리고 우리는 아직 그런 것을 보지 못했다.

만일 이 신호를 내보낸 것이 정말로 펄사였다고 밝혀진다면, 그 펄사는 우리에게서 영원히 숨지는 못할 것이다. 수천 개의 안테나를 정렬한 새로운 전파망원경들이 현재 개발 중인데, 이 망원경이 완성되면 집단을 이룬 펄사들 중 다수를 관측할 수 있을 것이다. 만일 펄사 집단이 진짜로 존재한다면 수십에서 수백 개에 이르는 펄사들이 곧 확인될 것이다. 그러나 면밀한 전파 조사에서도 다수의 펄사가 발견되지 않는다면, 펄사로부터 감마선 신호가 생성되었을 가능성은 대부분 배제될 것이고, 우리 은하 중심에 집중된 암흑물질 입자가 신호의 원인이라는 주장을 상당히 강화해줄 것이다.

내가 이 글을 쓰는 동안에도 페르미가 관측한 신호의 원인은 아직 밝혀지지 않았다. 그러나 머지않은 어느 날 상황이 바뀔 것이다. 만일 이 감마선이 암흑물질에서 나왔다는 결정적인 증거를 발견한다면 무슨 일이 생길까? 이것으로부터 우리는 암흑물질의 본질에 대해 무엇을 배울 수 있을까? 이 신호는 우리 우주와 우주의 초기 역사에 대해 무엇을 말해줄까?

만일 우리 은하의 중심에서 관측된 감마선이 정말로 암흑물질에서 나왔다고 확인된다면, 귀중한 정보가 감춰진 거대한 저장고가 열리는 셈이다. 먼저 스펙트럼의 모양을 통해 암흑물질 입자의 질량을 추론할 수 있고, 입자가 상호 소멸하면서 만들어내는 물질과 에너지의 종류도 알아낼 수 있다. 이것을 알면 암흑물질을 구성한다고 가정한 입자들의 범위를 극적으로 좁히게 된다. 두 번째로, 이 신호의 전반적인 세기로 암흑물질을 소멸하게 하는 상호작용의 세기를 추론할 수 있다. 은하 중심에서 관측된 감마선의 밝기는 암흑물질이 약력을 통한 상호작용을 할 경우 예측되는 것과 비슷한 비율로 소멸한다고 말해준다. 다시 말해 이 신호는 WIMP의 기적을 뒷받침하는 증거가 될 수 있다.

현재 우리 은하의 중심에서 암흑물질 입자들이 어떻게 상호 소멸하는지 연구함으로써 우주 역사 극초기의 순간들에 대해서도 알 수 있다. 암흑물질 입자 쌍이 활발히 소멸할수록 빅뱅의 뜨거운 열기 안에서 살아남기가 더 어려워진다. 그러나 이런 결론은 초기 우주에 대한 다수의 가설에 의해 좌우된다. 예를 들어 빅뱅에서 살아남은 암흑물질의 양을 계산할 때, 일반적으로 빛의 속도 또는 빛의 속도에 근접한 속도로 빠르게 움직이는 입자들이 초기 우주의 에너지를 압도적으로 지배했다고 가정한다. 가벼운 핵—수소, 중수소, 헬륨, 리튬—의 함량비를 측정하면 빅뱅 후 약 1초부터 10만 년까지는 빠른 속도로 움직이는 입자들이 우리 우주의 에너지 대부분을 차지했고, 10만 년부터는 암흑물질이 주도권을 넘겨받았다는 것을 분명히 알 수 있다. 그러나 우리 우주의 첫 1초는 여전히 베일에 가려졌으며, 그때 우주가 얼마나 빠르게 팽창했는지 또는 어떤 물질 또는 에너지가 공간을 채웠는지 현재로서는 알 길이 없다. 초기 우주가 일반적인 우리의 가정보다 더 빠르게 또는 더 느리게 팽창했을 가능성도 충분히 있다.

그래서 암흑물질 연구가 중요하다. 암흑물질이 상호작용하는 방식을 측정함으로써 극초기의 우주에 대해 알 수 있다. 은하 중심에서 관측된 것과 같은 감마선 신호를 만들어낼 수 있는 암흑물질 입자는 빅뱅 후 첫 100만분의 1초 무렵 압도적으로 많은 양이 형성되었을 것으로 추정된다. 우주론학자들이 가벼운 핵 원소를 연구함으로써 최초의 몇 분 동안 우주 팽창 속도를 알아낸 것처럼, 암흑물질의 상호작용을 측정함으로써 그보다 훨씬 더 이전의 우주 팽창 속도를 알아낼 수 있을 것이다. 현재 우리 우주의 첫 1초에 대해서는 아무것도 알려진 것이 없다. 만일 동료들과 내가 발견한 감마선 신호가 실제로 암흑물질의 상호작용에서 만들어진 것이라면, 초기 우주를 연구할 새로운 방법이 열리는 것이다. 암흑물질은 빅뱅 후 첫 100만분의 1초를 들여다보게 하는 첫 번째 창문이 될 것이다.

9장

근본적으로 다시 생각하다

당신의 이론이 얼마나 아름다운지는 중요하지 않다.
그 이론을 해낸 당신이 얼마나 똑똑한지,
또는 당신 이름이 무엇인지도 중요하지 않다.
실험과 일치하지 않으면 그 이론은 틀린 것이다.

—리처드 파인먼

암흑물질을 구성하는 입자의 본질을 발견하고 이해하려는 노력은 현재 진행 중이며, 이에 대해 많은 이가 낙관하는 데에는 충분한 이유가 있다. 일례로, 은하 중심에서 관측된 감마선 신호는 암흑물질 입자 쌍이 서로 상호작용하여 소멸한 결과일 수 있다. 만일 이것이 사실이라면, 이 신비로운 물질의 본질과 초기 우주에서의 형성 과정이 마침내 우리 눈앞에 드러나는 것이다.

그러나 만일 이 신호가 수천 개의 펄사 또는 그와 비슷한 천체물리학적 근원이나 메커니즘을 통해 생성된 것이라면 어떨까? 이것은 어떤 결말로 이어질까? 지하 실험과 LHC에서 암흑물질의 신호를 전혀 발견하지 못하는 것은 대단히 실망스럽다. 그리고 실험의 감도가 높아짐에 따라 그런 신호가 전혀 나타나지 않는 이유를 설명하기가 점점 더 어려워졌다. 정말로 암흑물질이 WIMP로 구성되어 있다면, 지금까지 진행한 실험들을 통해 이 물질을 구성하는 입자가 이미 검출되었어야 한다고 했다. 그러나 그런 것은 아직 실험에서 검출되지 않았다.

이 같은 상황에 직면한 수많은 우주론 학자는 암흑물질과 그 본질에 대한 아이디어를 처음부터 다시 평가하게 되었다. 그리고 매번 새로운 실험에서 암흑물질 입자 검출에 실패할수록, 그동안 나왔던 암흑물질에 관한 아이디어를 시험대에 올려놓고 새로운 각도에서 검토해야 한다는 압박을 점점 더 거세게 느꼈다. 어쩌면 암흑물질 입자는 우리가 오랫동안 그럴 것이라 예상하고 찾아 헤맨 그런 입자가 아닐지도 모른다. 암흑물질은 완전히 다른 형태의 물질로, 빅뱅 후 첫 순간에 완전히 다른 방식으로 생성되었는지도 모른다.

암흑물질을 명백하게 결정적으로 탐지하지 못한 실패가 최근 수많은 물리학자의 믿음을 흔들어놓은 유일한 원인은 아니다. LHC의 가동을 준비하면서, 나를 포함한 동료 대부분은 이 기계가 입자물리학의 새로운 시대를 촉구할 것이라고 예상했고, 수많은 종류의 새로운 물질과 에너지가 발견될 것이라고 예상했다. 그러나 LHC를 가동시킨 과학자들이 오랜 탐색 끝에 2012년에 힉스 보손을 발견하긴 했지만, 그 이후로 새로운 신호는 나타난 것이 없다. LHC는 지금까지 알려진 입자들과 입자들 간의 상호작용을 놀랄 만큼 강력하고 정확하게 측정했지만, 많은 이가 바라는 발견은—심지어 예상했던 것조차도—나오지 않았다.

LHC에서 새로운 입자를 발견할 가능성이 왜 높은가에 대해서는 여러 주장이 있었다. 반드시 설득력 있는 주장은 아니더라도 가장 직설적인 주장은 과거 경험에 바탕을 두었다. 20세기에 걸쳐 더 크고 더 강력한 가속기가 건설될 때마다 거의 항상 새로운 발견이 뒤따랐다. 고에너지 양성자들을 충돌시켰던 페르미 연구소의 테바트론Tevatron은 1995년에 꼭대기 쿼크를 발견했고, 그보다 이전에 가동되었던 유럽입자물리연구소CERN의 슈퍼 양성자 싱크로트론 가속기Super Proton Synchrotron는 1984년에 W 보손과 Z 보손을 발견했다. 1970년대의 가속기들은 글루온, 타우 렙톤, 맵시 쿼크를 발견하는 데 사용되었다. 이런 기계들을 제작하고 운용한 물리학자들이 항상 무엇을 찾고 있는지 미리 알았던 것은 아니지만, 새로운 것은 항상 발견되었다. 지난 수십 년간 이어져온 실험들은 새로운 형태의 에너지와 물질의 발견에 인상적인 기록을 세웠고, 그와 동시에 새 입자들의 행동 방식과 상호작용에 대해서도 여러 가지를 보여주었다.

그러나 많은 물리학자가 LHC에 건 기대와 확신의 근거가 역사적 성과에서만 비롯된 것은 아니었다. 1960년대 말부터 표준 모형이라고 하는 이론이 입자물리학의 기본 토대로서의 역할을 해왔다. 그 표준 모형에서 예측한 17개의 입자들이 하나하나 차례로 발견되었다. W 보손과 Z 보손, 꼭대기 쿼크, 그리고 힉스 보손은 직접 관측되기 수십 년 전에 이미 표준 모형에 의해 예측되었다. 그리고 실제로 관측된 입자들의 성질은 단 하나의 예외도 없이 표준 모형의 수학이 유도한 예측과 정확히 맞아떨어지는 것으로 밝혀졌다. 이런 놀라운 예측 능력과 경험적으로 확인한 기록을 바탕으로, 표준 모형은 과학의 역사에서 가장 성공적인 이론이라는 합당한 호칭을 얻었다. 그러나 이 모든 성과에도 불구하고, 표준 모형에는 중대한 문제점도 있다. 그 자체로 표준 모형은 깨진 이론이다. 완벽할 수가 없다.

표준 모형에 따르면, 입자들은 힉스 보손과 상호작용을 하면서, 더 정확하게 말하자면 모든 공간에 스며 있는 힉스 장과 상호작용을 하면서 속도가 느려지고 더 많은 에너지를 나른다. 다시 말해 힉스 장과의 상호작용이 입자가 질량을 얻는 원인이 된다. 이 과정은 상호적으로 작용하기 때문에 힉스 보손 자체의 질량도 증가하는 원인이 되어야 한다. 그리고 여기에 문제가 있다. 이 모든 상호작용의 효과를 다 고려하면, 지금 우리가 보는 우주와는 맞지 않는 결론으로 끌려간다. 계산해보면 힉스 보손의 질량은 실제 질량보다 수조 배는 더 무거워야 한다.

물리학자들이 이 문제를 생각하는 방법에는 몇 가지가 있는데, 서로 매우 다르지만 모두 정확하다. 그중 하나는 중력과 약력의 비교 측면에서 문제를 서술하는 것이다. 이 문제는, 알려진 다른 힘들과 비교할 때 중력의 세기가 충격적일 만큼 약하다는 데에서 기인한다. 중력은 약력보다 대략 10^{32}배 약하다. 두 힘 사이의 어마어마한 세기 차이는 표준 모형의 맥락 안에서는 쉽게 설명되지 않는다. 계산해보면 힉스 보손의 상호작용이 힉스 보손 자체의 질량을—이와 함께 Z 보손과 W 보손의 질량도—급격히 끌어올리는 것으로 나오는데, 이는 약력을 실제 세기보다 훨씬 더 약하게 만드는 결과를 낳는다. 우리가 이해하는 표준 모형의 내용이 맞다면, 이런 메커니즘이 작용할 경우 힉스 보손은 어마어마하게 무거워져서 그 어떤 가속기에서도 절대 발견될 수 없고 약력의 효과는 너무 약해서 전혀 감지할 수 없을 것이다. 그러나 이런 일은 일어나지 않는다. 힉스 보손의 질량은 양성자의 133배 정도로 비교적 평범한 수준이고, 약력은, 적어도 중력과 비교해보면 절대 그렇게 약하지 않다.

이 문제를 계층 문제hierarchy problem라고 한다. 이 문제가 처음 등장한 이래로 수십 년 동안 이론물리학자들은 계층 문제에 엄청난 관심을 쏟았다. 지난 몇 년간 여러 해결책이 제안되었지만, 대부분은 문제를 완전히 해결한 것이 아니라 약간 완화하는 정도에 그치고 있다. 그러나 힉스의 질량을 안정화하고 중력과 약력의 엄청난 세기 차이가 어떻게 지속될 수 있는지 설명할 방법이 하나 있다. '초대칭supersymmetry'이라고 하는 이 이론은 현대 물리학의 그 어떤 아이디어보다 더 힘차게 물리학자들의 상상력을 자극했다.

수학 구조로서의 초대칭은 1970년대까지 거슬러 올라가지만, 지금과 비슷한 구조를 취하기 시작한 것은 1980년대 초 무렵이다. 초대칭은 서로 다른 두 입자 그룹, 즉 페르미온과 보손 사이에 밀접한 연관성이 있다고 가정한다. 렙톤과 쿼크는 페르미온에 속하고, 빛알, 글루온, W 보손, Z 보손, 힉스 보손은 보손에 속한다. 초대칭의 바탕 아이디어는 각각의 페르미온이 여러 같은 성질을 가진 보손과 짝을 이루며, 보손도 마찬가지로 같은 성질의 페르미온과 짝을 이룬다는 것이다. 예를 들어 초대칭에서는 전자가 존재하려면 전기 전하와 양자 성질이 같은 보손 초짝Superpartner, 즉 셀렉트론selectron이 있어야 하고, 빛알이 존재하는 이유는 빛알의 페르미온 초짝, 즉 포티노photino가 있기 때문이라고 설명한다.

초대칭 이론이 가정하는 초짝 입자들 중 실험에서 관측된 것은 전혀 없지만, 초대칭의 매력은 거부할 수 없을 만큼 강력해서 많은 물리학자를 사로잡았다. 일례로 초대칭의 수학 구조는 눈을 뗄 수 없도록 심오하고 아름답다. 일반인은 잘 모르겠지만 미적 고려가 이론물리학에서 중요한 안내자 역할을 해온 경우는 상당히 많다. 뿐만 아니라 실제로 초대칭이 자연의 구조 안에 새겨져 있다면, 하나의 통합된 기틀 안에서 서로 다른 자연의 힘들을 훨씬 더 쉽게 이해할 수 있다. 끈 이론string theory을 예로 들면, 현재 끈 이론은 표준 모형의 양자적 성질과 아인슈타인의 일반상대성이론을 일관성 있게 통합할 수 있는 아이디어 가운데 가장 가능성 있는 후보로 꼽힌다. 그런데 끈 이론은 자연이 초대칭일 때에만 양자중력을 성공적으로 설명할 수 있다. 그밖에도 여러 면에서 초대칭은 자연의 복잡한 측면 중 일부를 이해하고 우리 우주에 관한 더 많은 내용을 설명할 더 강력하고 단순한 이론을 세울 수 있게 해준다.

이런 거창한 문제들 말고도 초대칭은 계층 문제를 해결하는 묘한 능력을 가지고 있다. 페르미온과 보손은 힉스 보손의 질량에 기여할 때 서로 반대 방향으로 작용한다. 대략 설명하자면, 표준 모형 입자들 각각이 힉스 보손의 질량에 기여하는 정도를 수량화하는 숫자를 가졌는데, 페르미온이 가진 숫자는 양수, 보손은 음수라고 생각하면 된다. 입자들이 힉스 질량에 기여한 총량을 계산하려면 입자들이 가진 이 숫자들을 모두 더하면 된다. 이 계산을 마치고 얻은 총량은 가장 큰 개별의 기여와 대체로 같은 값이다. 가장 큰 기여는 꼭대기 쿼크와의 상호작용에서 나온 것이다.

이제 우리 우주가 초대칭적이라고 상상해보자. 페르미온들이 기여하는 양과 그에 대응하는 초짝 보손들이 기여하는 양은 부호가 서로 반대다. 이들을 다 더하면 페르미온의 기여는 보손의 기여에 의해 거의 상쇄되고, 힉스의 총질량은 초대칭을 가정하지 않았을 때보다 훨씬 더 가벼워진다. 초짝 입자가 극단적으로 무겁지만 않다면, 초대칭은 지금 우리가 바라보고 있는 힉스의 모습을 간단하고 정확하게 설명해준다.

물리학자들은 초대칭이 계층 문제와 더불어 암흑물질 문제의 답도 제시해줄 것으로 기대했다. 초대칭 이론은 여러 가지가 있는데, 많은 초대칭 이론에서 설명하는 초짝 입자들 중 가장 가벼운 것은 안정적이고 약하게 상호작용을 한다. 이는 정확히 우리 우주의 암흑물질 후보에 원하는 바로 그 특징이다. 이 입자는 빛알, Z 보손 또는 힉스 보손, 또는 그것의 조합의 초대칭 짝꿍일 수 있다. 어느 경우이든 그런 초짝은 WIMP로 기대할 만한 그런 성질의 입자가 될 수 있다.

LHC가 등장하기 전 몇 년 동안 초대칭은 대단히 인기를 끌었다. 초대칭 입자들은 암흑물질의 후보로 가장 광범위하게 연구되었으며, 입자물리학자 상당수는 LHC가 가동을 시작하면 초대칭에서 예측한 입자들 가운데 적어도 몇 가지는 발견하리라 기대했다. 그러나 시간이 흘러도 초짝의 징조는 보이지 않았다. 초대칭은 수많은 매력적인 특징이 아름답게 조화를 이루어, 자연계에 당연히 존재할 것이라고 여기도록 유혹한다. 그리고 많은 물리학자가 그 유혹에 넘어갔다. 문제는, 만일 초짝이 정말로 존재한다면 지금쯤은 LHC에서 발견되었어야 한다는 것이다. 그러나 지금까지도 발견된 것은 전혀 없다.

LHC에서 발견되지 않았다는 사실로부터, 초짝이 실제로 존재한다면 그중 일부는 힉스 보손보다 적어도 10배, 양성자보다는 1000배 이상 무거워야 한다는 결론이 나왔다. 그리고 일부 물리학자들은 초짝이 이만큼 무거워도 전혀 놀랄 일은 아니라고 주장했지만, 내 동료들 대부분은 그렇게 생각하지 않았다. 그 결과 초대칭을 둘러싼 낙관론은 사그라졌다. 현재는 많은 이가 자연의 초대칭성에 대한 확신을 잃었고, 계층 문제를 이해하거나 해결할 수 있다는 믿음도 한풀 꺾였다.

LHC가 거둔 결과들은 입자물리학을 중심부터 뒤흔들어 놓았다. 20세기 후반기에 입자 이론물리학자들은 여러 입자를 성공적으로 예측했고, 이 입자들은 점점 더 강력해지는 가속기에서 속속 발견되었다. 참으로 인상적인 성공의 연속이었다. 그러나 우리의 혜안은 막바지에 다다른 것 같다. 초대칭과 관련해 오래전부터 예측되었던 입자들은 고집스럽게 모습을 감추고 있다. 어쩌면 초대칭 또는 그 비슷한 무엇이 손만 내밀면 닿을 가까운 곳에 있을지도 모르고, 우리의 확신은 곧 회복될 수도 있을 것이다. 그러나 지금 당장은 계층 문제를 어떻게 풀어야 하는지, 표준 모형을 어떻게 완성할 것인지, 암흑물질이 우리 우주의 양자적 구조에 어떻게 들어맞는지 이해하지 못한다고 말하는 것이 옳을 것이다.

20년 전, 물리학자들은 암흑물질을 구성하는 입자들을 검출하고 그 성질을 측정할 좋은 아이디어를 가지고 있다고 생각했다. WIMP의 기적을 바탕으로 한 주장들을 보면 지금까지 건설된 거대한 지하 검출기들의 범위 안에서 이런 입자들이 당연히 발견되었어야 할 것 같았다. 그리고 LHC의 범위 안에서도 가능해야 할 것 같았다. 그러나 시간이 흘러도 이런 신호들은 여전히 찾기 어렵다. 어쩌면 가까운 미래에 암흑물질을 구성하는 입자들을 검출하고 WIMP 패러다임을 원래의 그 영예로운 자리에 올려놓을 수 있을지도 모른다. 그러나 아닐 수도 있다. 어쩌면 이런 실험들은 우리에게 완전히 다른 이야기를 들려주고 있는지도 모른다. 어쩌면 암흑물질은 아예 WIMP가 아닐지도 모른다. 하지만 WIMP가 아니라면, 암흑물질은 무엇일까?

과학자들이 내놓은 예측이 예상대로 전개되지 않을 때에는, 궁극적으로 무엇이 잘못되었는지 자문해보아야 한다. 주장의 논리에 결함이 있었나? 예상했던 결과를 바꿀 수도 있는 어떤 것이 함께 발견되었나? 아니면 주장을 뒷받침하는 가정 중에 처음부터 다시 들여다봐야 하는 것이 있나?

7장에서 나는 빅뱅에서 살아남은 암흑물질의 양은, 암흑물질 입자와 일반 물질과의 상호작용이 일어난 빈도에 좌우된다고 설명했다. 이 계산으로부터 우리는 암흑물질이 약력을 통해 또는 약력과 세기가 거의 비슷한 알려지지 않은 다른 힘을 통해 상호작용을 할 가능성이 있다는 생각에 이르렀다. 이런 상호작용들은 탐지가 가능할 것으로 예상되었다. 그러나 실험이 계속 진행되고 시간이 흘러도 아무 성과도 거두지 못하자, 한때 생각했던 것만큼 암흑물질이 일반적 형태의 물질과 에너지와는 상호작용을 하지 않는 것 같다고 고려해야 할 처지에 놓였다. 10년 전 우리는 약하게 상호작용을 하는 암흑물질을 생각했다. 오늘날에는 도대체 암흑물질이 가시세계와 상호작용을 하는지 묻고 있다.

WIMP의 기적의 바탕이 되는 계산의 이면에는 몇 가지 중요한 단서 조항 또는 가정이 있다. 그리고 이 가정들은 모두 진실인 것 같아 보이지만, 최근 들어 훨씬 더 철저하게 검토되고 있다.

우리 우주의 첫 순간에 WIMP가 경험했다고 가정되는 전이를 살펴보자. 표준적인 설명에 따르면, 우리 우주에는 원래 엄청난 양의 암흑물질 입자들이 포함되어 있었고, 이 암흑물질들은 극도로 뜨거운 물질과 에너지 안에서 꾸준히 생성되고 파괴되기를 거듭했다. 그러나 불과 몇분의 1초가 지난 후, 암흑물질 입자는 아주 극미량만이 남았고, 그나마 남은 입자들도 상호작용을 거의 멈춰버렸다. 이 설명이 정확한 것으로 판명될 수도 있겠지만, 정확성 여부는 암흑물질의 본질에 관한 핵심 가정에 달려 있다. 즉 암흑물질이 초기 우주 시대에 풍부하게 생성될 수 있을 만큼 다른 물질과 충분히 자주 상호작용을 한다는 가정이 있어야 한다. 그러나 만일 그렇지 않았다면 어떻게 될까? 암흑물질의 상호작용이 아주 약해서 애초에 그렇게 많은 양이 생성되지 않았다는 것도 가능하다. 만일 그렇다면, 앞에서 소개한 표준적인 설명—다량의 암흑물질이 파괴되고 아주 적은 양의 잔여물만 남는다는 설명—대신에 암흑물질은 우주의 역사가 진행됨에 따라 나중에, 점진적으로 또는 갑자기 채워졌을지도 모른다.

애초에 물리학자들이 WIMP의 기적의 바탕이 되는 계산을 고민할 때 이 문제를 그렇게 걱정하지 않았던 데에는 나

릅의 이유가 있다. 그중 하나는, 만일 암흑물질이 일반 물질과 상호작용을 하는 힘이 절대적으로 가장 약한 힘이 아니라면, 그 이유만으로도 극초기 우주는 자동적으로 암흑물질로 가득 채워졌을 것이다. 그 힘이 약력보다 100만 배 이상 약해도 그렇게 될 수 있다. 그러나 만일 그런 힘이 존재하지 않는다면? 어쩌면 암흑물질은 중력 말고는 알려진 힘들 가운데 그 어떤 힘으로도, 또는 알려진 형태의 물질 또는 에너지와는 아예 상호작용을 하지 않는지도 모른다. 만일 그렇다면 암흑물질은 우리 우주의 다른 물질이나 에너지와는 관계없이 거의 완전히 독자적인 방식으로 존재하고 진화했을 것이며, 일반적인 WIMP로는 생각할 수 없는 수많은 가능성을 품고 있을지도 모른다.

이렇게도 생각할 수 있다. 암흑물질이 알려진 입자들과 전혀 상호작용하지 않는 유일한 물질이 아니라, 그와 같은 특징을 지닌 수많은 물질 가운데 하나라고 말이다. 물리학자들은 이렇게 감춰진 입자들이 숨겨진 영역을 이룬다고 가정하는데, 이 숨겨진 영역은 여러 복잡한 방법으로 진화하고 상호작용할 수 있다. 만일 숨겨진 입자들이 일반 물질과 상호작용할 방법이 없다면 빅뱅에서 살아남은 숨겨진 입자의 양은 어마어마할 것이고, 오늘날 우리 우주에서 측정되는 암흑물질의 함량비를 훌쩍 넘지 않겠느냐고 우려할 수 있다. 그러나 다양한 종류의 숨겨진 물질들이 서로 상호작용함으로써 암흑물질의 함량비가 대폭 감소했을 수도 있다. 사실 입자물리학자들은 이런 식으로 행동하는 숨겨진 영역 모형을 쉽게 만들어낼 수 있다.

숨겨진 영역을 구성하는 입자들 사이에는 우리가 한 번도 관측하지 못한 힘과 상호작용이 있을 수 있다. 그 이유는 단순한데, 그 입자들이 현재 알려진 물질 또는 에너지 중 어느 것에 의해서도 경험되지 않기 때문이다. 만일 우리가 지금까지 쿼크나 글루온을, 또는 쿼크와 글루온을 구성하는 입자들을 전혀 본 적이 없다면 강력에 대해 알 방법이 전혀 없었을 것이다. 암흑물질이 거대하고 복잡한 숨겨진 영역의 일부라면, 숨겨진 물질과 에너지를 묶어주는 힘을 경험하고 있을지도 모른다. 암흑 핵 또는 암흑 원자라고 부를 만한 것을 형성하면서. 그러다가 미래의 어느 날, 숨겨진 영역 원소들의 주기율표 같은 것이 발견될지도 모른다. 가능성은 끝이 없다.

빅뱅 후 첫 순간에 암흑물질이 얼마나 많이 생성되었고 생존했는지 계산하려면 암흑물질의 본질과 상호작용에 관해 무언가를 추정해야 한다. 그와 동시에 우주 자체에 대해서도 가정을 세워야 한다. 특히 암흑물질의 생성과 생존은 그 첫 순간에 우주가 얼마나 빠른 속도로 팽창했느냐에 절대적으로 달려 있다.

물리학자들은 우주의 팽창 속도를 계산할 때 아인슈타인의 일반상대성이론을 사용한다. 더 구체적으로 말하자면 알렉산드르 프리드만이 1922년에 아인슈타인의 이론에서 유도한 방정식들을 사용한다. 이 방정식들에 입력하는 값들은 상당히 단순해서 결국 두 가지로 요약된다. 하나는 공간의 기하로, 우리 우주가 평평한 경우, 또는 적어도 평면에 매우 근접한 경우로 가정한다. 두 번째는 존재하는 에너지의 양이다. 현재 상태를 예로 들면, 우리 우주 전체의 평균 에너지 밀도는 1세제곱미터당 10^{-23}그램을 약간 넘는다. 이는 양성자 6.3개에 해당하는 양이다. 이 값은 원자와 그 밖의 일반 물질 그리고 암흑물질과 암흑에너지의 기여를 포함한다. 이 값을 프리드만의 방정식에 입력하면 공간 안의 두 점 사이 거리가 1광년일 때 멀어지는 속도는 초속 2.5센티미터 정도라는 결과가 나온다. 그러니까 100만 광년 떨어져 있는 두 은하는 1초에 250만 센티미터 정도의 속도로 멀어진다. 이 속도라면 두 은하 사이의 거리가 1퍼센트 증가하는 데 1억 년이 걸린다. 인간의 관점에서 볼 때, 오늘날의 우주는 경이로울 만큼 느린 속도로 진화하고 있다.

그러나 항상 그랬던 것은 아니다. 우리 우주가 어릴 때는 굉장히 조밀하고 뜨거웠는데, 이 말은 우주가 엄청난 양의 에너지를 포함했다는 뜻이다. 빅뱅 후 1초가 지났을 때의 우주를 생각해보자. 당시에 공간 전체를 채웠던 입자의 에너지 밀도는 놀랍게도 1세제곱미터당 2×10^{15}그램에 이른다. 이는 지구 밀도의 약 10억 배다. 이 정도 밀도에서는 공간이 지금보다 훨씬 더 빠르게 팽창한다. 공간 안의 점들은 1광년당 초속 2.5센티미터라는 무기력한 속도가 아니라 곧바로 눈에 띌 만큼 서로에게서 멀어진다. 만일 우리 우주가 지금 이 속도로 팽창한다면, 몇 센티미터 앞에 있는 내 커피잔이 초속 1미터의 속도로 내게서 멀어지는 것을 볼 것이다. 탁자 위에 늘어놓은 물건들은 메이저리그 투수의 구속에 비교될 만큼 빠른 속도로 멀어져갈 것이다. 그리고 1만 킬로미터보다 먼 거리에 있는 것들은 빛의 속도보다 더 빠르게 멀어지고, 시야에서 완전히 사라지게 된다.

이런 유형의 계산을 수행할 때는 알려진 모든 형태의 물질과 에너지를 계산에 포함시킨다. 여기에는 LHC와 그 밖의 가속기에서 지금까지 관측했던 입자 유형들도 모두 포함된다. 그러나 이미 논의했듯이, LHC에는 사각지대가 있다. 세상에는 우리가 모르는 형태의 물질이 존재할 수도 있는데, 초기 우주 시대에는 그런 물질들이 매우 풍부했다. 만일 이것이 사실이라면, 우주는 현재 우리가 계산하는 방식과는 완전히 다르게 팽창했을 것이다. 그리고 만일 초기 우주가 현재의 예상보다 더 빠르게 또는 느리게 팽창했다면, 암흑물질의 상호작용과 생존율도 그와 함께 바뀐다.

우리 우주가 첫 1초 동안 어떻게 팽창했는지 그리고 어떻게 진화했는지 그 가능성의 범위는 어마어마하다. 알려지지 않은 형태의 물질과 에너지가 팽창 속도를 증가시켰을 수도 있지만, 이 첫 순간에 그보다 훨씬 더 기이한 일이 일어났을 수도 있다. 이런 유형의 계산을 수행하면서, 우주론 학자들은 일반적으로 이 시기 동안 공간이 팽창하고 냉각되는 속도가 서서히 느려졌다고 가정한다. 그러나 극초기의 순간이 그렇게 단순히 또는 꾸준히 마무리되지는 않았을 것이다. 우리로서는 우주 역사 초기에 극적인 사건과 전이가 발생했을 것이라고 추정할 충분한 이유가 있다. 암흑물질의 기원에 중대한 영향을 미쳤을 그런 사건과 전이 말이다. 예를 들어, 현재 우주에서 발견되는 원자를 구성하는 입자들이 빅뱅의 뜨거운 열기 안에서 살아남았으려면, 물질의 총량이 어떤 식으로든 반물질의 양보다 많았어야 한다. 사하로프의 세 번째 조건에 따르면, 이는 우리 우주가 초기에 갑작스럽고 거친 변환을 거쳐야만 가능하다.

아마도 우리 우주는 첫 1초가 될 때까지 짧고 갑작스러운 폭발적 팽창 또는 극적인 상전이를 겪었을 것이다. 그게 아니라면 다수의 입자가 붕괴하면서 우주를 가열하고 진화 과정을 바꿔놓았을 수도 있다. 경우의 수는 아주 많다. 그런 사건들이 우리 우주의 첫 순간 동안 암흑물질의 형성과 상호작용에 엄청난 영향을 미쳤을 수 있다. 그런 사건이 정말로 일어났다는 것을 언젠가 알게 된다면, 우리가 기대하는 암흑물질의 본질과 그것을 탐지하기 위해 수행해야 하는 실험의 종류가 완전히 바뀔 수도 있다. 심지어 암흑물질이 왜 그토록 오랫동안 모습을 감춘 채 숨어 있었는지 설명해줄지도 모른다.

이 장에서 나는 다소 낯선 아이디어를 설명했다. 그리고 고려해야 할 경우의 수가 이렇게 많다 보니, 경험적 증거는 거의 없거나 아예 없이 자유롭게 추측하고 있는 것처럼 보일 것도 같다. 어느 정도까지는 옳게 본 것이다. 초기 우주에 대해 아직 이해하지 못하는 것은 무수히 많고, 천체물리학적 관측이나 지구 위 실험을 가지고서는 우리의 생각을 검증해 볼 방법도 거의 없다. 상황이 이렇다 보니 결국 추정으로 떠밀릴 수밖에 없는 것이다. 그리고 그중 어떤 추정은 좀 터무니없을 수도 있다. 내가 이 장에서 설명한 아이디어 가운데, 우리 우주가 한때 갑작스러운 폭발적 팽창을 경험했다는 가능성만큼 기상천외한 아이디어는 또 없을 것이다. 그러나 결과적으로 볼 때 이 특별한 경우가 진실일 가능성도 대단히 높다.

초기 우주가 짧은 순간에 극도로 빠른 팽창을 경험했다는 가설을 지지하는 증거가 지난 수십 년 사이 상당히 많이 쌓였다. 이 사건은 우주 급팽창이라고 한다. 급팽창은 수백만 분의 수십억분의 수십억분의 수십억분의 1초보다 약간 더 지속되었을 뿐이지만, 급팽창으로 인해 우리 우주는 근본적으로 탈바꿈하여 완전히 다른 모습이 되었다. 이후 우주론 학자들은 최근 우리 우주의 팽창 속도가 그동안 생각했던 것만큼 느려진 것이 아니라 오히려 지난 수십억 년에 걸쳐 가속하기 시작했다는 사실을 발견함으로써 급팽창 가설에 더욱 힘을 실어주었다. 모르는 것은 아직 많지만, 우리 우주는 가속 팽창이라는 새로운 시대에 접어들고 있는 것 같다.

우리가 살고 경험하는 우주는 이 극단적인 시대의 우주와 공통점이 거의 없다. 현재의 세상은 엄청난 두 폭풍 사이에 잠시 찾아온 고요한 순간에 있는 것 같다. 모든 지표가 가리키는 것은, 우리 우주가 완전히 다른 우주 상태로부터 발현했으며 이제 다시 그 상태로 돌아가려 한다는 것이다.

10장

우주 급팽창과 중력파

진실은 시간의 딸이다.

—요하네스 케플러Johannes Kepler

오늘날 우리가 보는 우주는 물질과 복사로 채워져 있다. 이 물질과 복사는 별과 행성부터 암흑물질 헤일로halo에 묻혀 있는 은하에 이르기까지 다양하고 복합적인 형태를 취하고 있다. 이렇게 형태는 다양하지만 모든 물질은 빅뱅의 뜨거운 열기 안에서 주조되었다는 한 가지 공통점이 있다. 그리고 이후 물질은 서서히 팽창하는 공간 안에서 천천히 희석되었다.

그러나 우리 우주가 항상 이렇게 평온했던 것은 아니다. 지금은 꾸준하고 연속적인 변화가 이어지지만, 대다수의 현대 우주론 학자는 우리 우주가 한때, 첫 1조분의 1조분의 1초가 지나기 전에, 순간적이지만 대단히 난폭하고 폭발적인 팽창을 겪었다고 확신한다. 우주 급팽창이라고 부르는 이 시기에 우주는 급속히 팽창해서 본질적으로 공간 안의 모든 것이 빛의 속도보다 훨씬 더 빠르게 멀어졌다. 이런 조건 아래에서, 우주에 존재하는 입자들은 상호작용을 하기 훨씬 전에 서로에게서 멀어졌고, 그 결과 모든 양자 입자는 고립된 상태로 남게 되었다. 급팽창은 대단히 외로운 시기였다. 시간과 공간의 본질 자체가 모든 것을 외롭게 하던 때였다.

그러다가 우주 급팽창은 시작되었을 때처럼 빠르게 갑자기 끝났고, 이후 우주는 꾸준한 속도로 팽창을 계속했다. 이 새로운 상태의 우주도 여전히 상상할 수 없을 만큼 뜨겁고 조밀했지만, 급팽창 때만큼 생경한 조건은 아니었다. 어떤 의미에서는 급팽창의 종식이 우리가 사는 우주의 진정한 시작이라고 생각할 수 있을 것이다.

대부분의 현대 우주론 학자가 급팽창 또는 그와 비슷한 것이 우리 우주의 첫 순간에 발생했다고 합리적으로 확신함에도 불구하고, 이 아이디어는 과학의 담론에 비교적 새롭게 등장한 개념이다. 빅뱅을 연구하던 1세대 과학자들 사이에서는 급팽창 비슷한 것이 논의된 적이 없다. 조르주 르메트르, 조지 가모프, 랠프 앨퍼 같은 과학자들은 우리 우주가 수십억 년 전에 뜨겁고 조밀한 상태로부터 발현했으며 현재 팽창하고 있다고 인지했다. 그러나 그들이 아는 내용 가운데 우주의 역사에서 급팽창 같은 이상한 일이 있었다고 의심을 품게 할 만한 단서는 없었다.

1960년대 초까지만 해도 빅뱅은 여전히 추측에 불과했고, 성립될 가능성이 별로 없는 이론으로서 널리 인식되며 정상 과학의 언저리를 맴돌고 있었다. 그러나 불과 10여 년 만에 이 우주론적 패러다임을 뒷받침하는 관측 증거들이 압도적으로 쌓였다. 우주배경복사의 발견과 이후의 관측들이 빅뱅 이론을 견고한 경험적 기반 위에 올려놓았고, 다른 측정과 관측이 이어지면서 빅뱅 이론의 지위는 더욱 강화되었다. 1970년대 말 무렵까지 축적된 확고한 관측 증거들은 우리 우주가 사실상 빅뱅이라고 하는 뜨겁고 조밀한 상태로부터 발현했다는 확신을 굳히기에 충분했다.

우주론 학자들이 빅뱅 이론으로 설명되지 않는 문제들이 있음을 알아채기 시작한 것도 이 무렵이다. 첫 번째 문제는, 관측 결과를 보면 우리 우주가 대체로 평평하다는 사실이었다. 우주의 곡률은 양으로나 음으로나 그다지 큰 값이 아니다. 다시 말해 유클리드의 기하학 법칙이 적용된다는 의미인데, 공간 안에서 평행선을 따라가면 계속 평행하게 뻗어나가고 삼각형 내각의 합은 180도다. 일반인에게는 이것이 문제처럼 보이지 않겠지만, 빅뱅을 연구하는 과학자들에게는 상당히 당혹스러운 문제였다. 우주가 서서히 팽창하면서 시간이 흘렀다면 우주는 좀 더 휘고 덜 평평해야 한다. 지금 우주가 평평한 만큼 평평해지려면, 우주가 어렸을 때는 거의 '완벽하게' 평평했어야 했다. 대략 10^{60}분의 1만큼 말이다. 우리 우주가 이 정도로 평평하다는 것을 발견한 것은 마치 원자 한 알 정도의 차이가 있는 평탄한 뒷마당에서 우연히 돌멩이를 발견하는 것과 비슷하다. 이 정도의 놀라운 평평함은 우연히 빚어진 결과일 수 없다. 여기에는 분명히 원인이 있어야 한다. 그러나 당시의 우주론 학자들은 이 내용을 설명할 길이 전혀 없었다.

이보다 더 문제가 되는 것은 우주마이크로파배경의 놀라운 균일성이었다. 우주배경복사의 온도는 하늘의 모든 방향으로 봐도 절대영도보다 정확히 2.7255도 높은 온도를 기록하고 있다. 그리고 가장 뜨거운 곳과 가장 차가운 곳의 온도 차는 10만분의 1 정도에 불과하다. 우주론 학자들은 이 사실에 당황했고, 이런 일이 어떻게 가능한지 의문을 품기 시작했다. 만일 1000개의 상점에 들러 스톱워치 1000개를 하나씩 사서 모았는데 그 시계들이 몇분의 1밀리초 내외로 완벽하게 일치된 시간을 표시한다면, 당연히 전에 누가 이 시계들을 맞추어 놓았을 거라고 생각할 것이다. 그러나 그 대상이 우주마이크로파배경이라면, 우리 우주의 여러 곳으로부터 기원한 이 복사가 어떻게 그렇게 균일할 수 있는지 이해하는 이가 없었다. 당시 우리가 이해하던 우주에서라면 이것은 그냥 불가능한 일이었다.

이 상황을 더 잘 이해하기 위해 이렇게 가정해보자. 나는 어떤 식으로든 먼 은하에 있는 존재들과 시각을 맞추고 싶다. 이 먼 은하는 에드윈 허블이 1920년대에 연구했던 것 같은 그런 은하다. 공간을 가로질러 움직이는 것 중에 빛의 속도보다 더 빨리 이동할 수 있는 것은 없으므로, 가장 신속한 방법은 지시 사항을 빛줄기에 신호로 실어 먼 은하가 있는 방향으로 보내는 것이다. 문제의 은하가 우리에게서 300만 광년 떨어진 곳에 있다고 해보자. 그렇다면 내가 보내는 빛줄기는 지금으로부터 300만 년 후에 목적지에 도달할 것이다. 그러나 우리와 은하 사이의 공간은 팽창하고 있으며, 그로 인해 은하는 약 시속 25만 킬로미터의 속도로 우리에게서 멀어지고 있고 우리도 은하로부터 멀어지고 있음을 고려해야 한다. 따라서 결과적으로 오늘 출발한 빛은 300만 년보다 조금 더 긴, 300만 670년 정도가 지난 후에 목표 은하에 도달할 것이다.

다음으로 좀 더 먼 은하를 상상해보자. 이 은하는 수백만 광년이 아니라 수천억 광년 떨어져 있다. 당연히 이 은하와 우리 사이의 공간은 앞에서 든 예보다 훨씬 더 빠르게 팽창하고 있다. 그러나 이 먼 은하와 앞에서 예로 든 은하 사이에는 단순한 정량적 차이 이상의 무엇이 있다. 수천억 광년의 거리를 둔 두 점 사이의 공간은 매우 빠르게 팽창하는 정도를 넘어, 빛의 속도보다도 빠른 속도로 팽창한다. '공간을 가로질러' 이동하는 것은 그 어떤 것도 빛의 속도보다 빠르게 날아갈 수 없지만, 공간 자체는 이런 제약에 구속받지 않는다. 공간 안에서 떨어져 있는 점들이 팽창하는 공간에 실려 멀어지는 속도는 어떤 값이든 될 수 있다. 그 결과, 우리가 쏘아 보낸 빛 또는 신호는 이 먼 은하에 결코 도달하지 못할 것이다. 그리고 먼 은하에 사는 이들이 우리 쪽으로 보내는 신호도 결코 우리에게 도달하지 못한다. 공간의 끊임없는 팽창 때문에 우리는 이렇게 먼 곳과는 절대 소통할 수 없고, 볼 수도 없고, 그 어떤 방식으로도 접촉할 수 없다. 그곳은 우리의 관측으로부터 완전히 단절되어 있으며, 우리는 어떤 영향력도 그곳에 미칠 수 없다.

우리 우주의 팽창은 실질적으로 공간 안의 모든 점에 대하여 관통할 수 없는 지평선에 둘러싸이는 효과를 일으킨다. 이 지평선 너머는 무엇으로도 관측할 수 없고 어떤 수단을 쓰더라도 도달할 수 없다. 현재 우리를 둘러싼 우주 지평선cosmic horizon은 반지름이 약 465억 광년인 구면이고, 우리는 그 중심에 있다.• 실용적인 관점에서 볼 때 이 구가 바로 우리 우주다. 부피 안에는 우리가 보고, 연구하고, 목격하고, 경험하고, 소통하고, 영향을 미치고, 영향을 받을 수 있는 우주의 모든 것이 담겨 있다. 이 구의 경계는 절대로 관통할 수 없고 앞으로도 영원히 그럴 것이다. 적어도 우리 우주의 팽창률이 느려지기 시작하지 않는 한 말이다. 이 거리 너머의 사물은 우리의 시야에서 가려져 있을 뿐 아니라 우리로부터 완전히 단절되어 있다. 이 거리 너머의 모든 공간은 우리에겐 영원히 '잃어버린 세상'이다.

공간 안의 모든 점은 지금과 마찬가지로 우주 역사 전체에서 각자의 우주 지평선에 둘러싸여 있었다. 그러나 이 지평선의 크기는 시간이 흐르면서 꾸준히 변화했다. 우리 우주가 어렸을 때 지금보다 훨씬 더 급속히 팽창했기 때문에, 당시의 지평선은 지금의 크기보다 더 작았다. 우주마이크로파 배경이 형성되는 동안—빅뱅 후 약 38만 년이 지났을 때—공간 안의 각 점은 반지름이 약 100만 광년인 지평선에 둘러싸여 있었다. 오늘날 우리 관점에서 보면 이 정도 크기의 영역은 각지름이 약 1도로 보이게 된다. 그렇다면 현재 하늘 전

• 빅뱅이 138억 년 전에 일어났는데 어떻게 우리에게서 465억 광년이나 떨어진 것이 존재할 수 있느냐고 물을 수 있다. 그러나 공간은 팽창하고 있기 때문에, 130억 년 전에 빛을 방출한 사물과 오늘 우리에게 도달한 그 빛은 130억 광년보다 더 먼 곳에 있다. 그러므로 이 내용에는 모순이 전혀 없다.

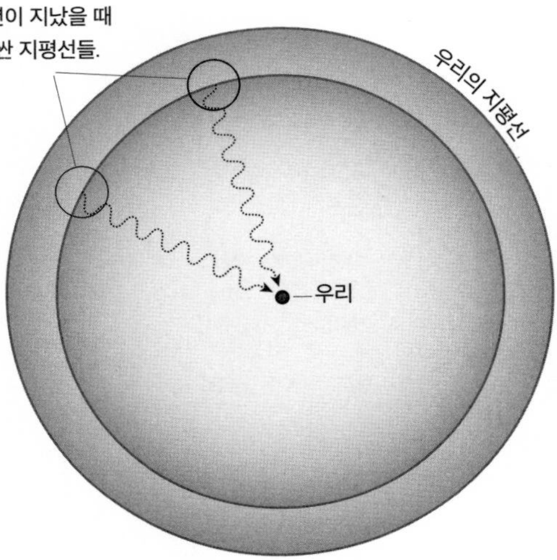

우리는 공간의 팽창으로 인해 형성되는 우주 지평선에 둘러싸여 있다. 이 지평선 너머로는 그 무엇도 관측할 수 없고 상호작용을 할 수도 없다. 우주마이크로파배경이 빅뱅 후 38만 년이 지나 방출되었을 때, 공간 안 각 점들을 둘러싼 지평선은 훨씬 작았다. 그렇다면 이 점들이 상호작용할 방법이 전혀 없는 상태에서 온도가 어떻게 거의 균일해졌는가라는 문제가 제기된다.

체에서 관측되는 마이크로파 복사 배경은 인과적으로 연결된 하나의 영역이 아니라, 서로에게 영향을 미칠 방법이 전혀 없었던 수천 개의 독자적인 영역으로부터 기인한 것이라는 말이 된다. 그러나 상호작용할 방법이 없는 상태에서, 이 각각의 영역들은 어떻게 그렇게 거의 같은 온도를 가질 수 있었을까? 앞서 든 비유로 설명하자면, 완벽하게 시간이 맞춰진 스톱워치 수천 개가 눈앞에 있는데 이 시계들이 애초에 어떻게 시간이 맞춰질 수 있었는지 설명할 길이 전혀 없는 것과 같다.

1970년대까지 빅뱅 이론은 우리 우주의 진화와 기원을 설명하는 여러 패러다임 중에서도 선두에 선 과학적 패러다임으로 확고하게 자리를 굳혔다. 그럼에도 평탄성 문제와 지평선 문제는 풀리지 않은 채로 남아 있었다. 당시 대다수의 우주론 학자는 대수롭지 않게 생각했지만, 이 문제들은 빅뱅 이론이 거둔 성공에 뚜렷한 흠집을 남겼다. 나중에 보니 평탄성 문제와 지평선 문제는 우주 역사의 극초기에 관해 뭔가 중요한 이야기를 들려주고 있었다. 우주의 극초기는 당시의 우주론 학자들이 생각했던 것만큼 그렇게 단순하지 않았다.

놀랍게도 이 문제들의 답은 우주론 학자들이 아니라 상대적으로 무명이고 젊은 입자물리학자 앨런 구스Alan Guth에게서 나왔다. 구스는 빅뱅 우주론이 직면한 평탄성 문제와 지평선 문제를 듣고 난 후, 우리 우주가 첫 순간에 극단적으로 빠른 팽창을 경험했을 시나리오를 고려하기 시작했다. 이것이 우주 급팽창에 관한 최초의 이론이었다. 구스는 만일 우리 우주가 이 시기에 급속히 팽창했다면, 현재의 우주가 지금처럼 평평한 이유를 설명할 수 있다고 생각했다. 일반 물

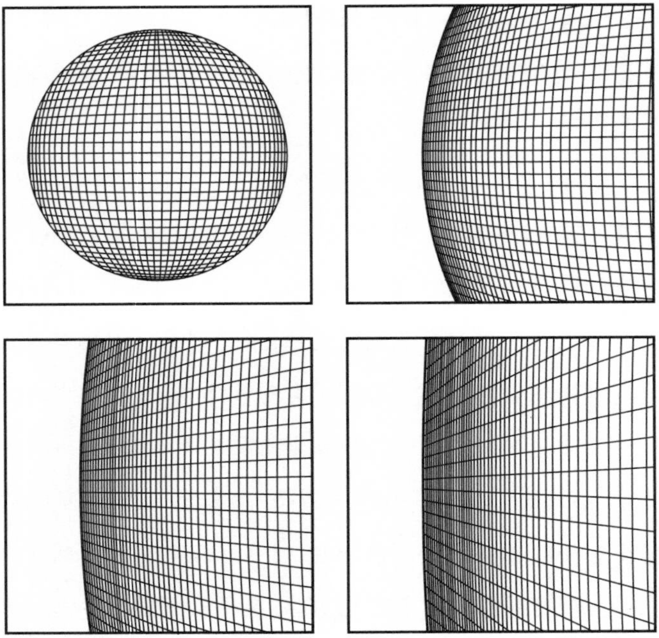

우주는 급팽창 기간에 팽창하면서 곡률이 줄어든다. 이는 마치 풍선에 공기를 계속 집어 넣으면 풍선의 표면이 평평해지는 것과 같다.

질과 복사로 채워진 우주는 팽창하면서 점점 더 휘지만, 급팽창을 겪은 우주는 풍선에 공기를 불어넣을 때처럼 꾸준히 점점 더 평평해진다. 게다가 우주마이크로파배경이 형성되던 때 완전히 단절된 영역들은 급팽창 이전에는 서로 밀접하게 접촉해 있었을 것이다. 급팽창으로 인해 상대적으로 작지만 거의 균일했던 공간 영역의 부피는 오늘날 우리가 관측할 수 있는 우주보다도 더 크게 늘어났다. 이 말은 현재 우리 눈에 보이는 우주 안의 모든 점이 한때는 모두 서로 접촉하고 있었다는 뜻이며, 이로써 우주마이크로파배경의 온도가 균일하다는 사실을 설명할 수 있다.

그러나 급속한 팽창이 일어났다는 가설을 세워 문제를 어느 정도는 다룬다고 해도, 이것만으로는 완전히 해결하지 못한다. 더 중요하고 어쩌면 더 재미있는 문제는, 애초에 급팽창 같은 사건이 어떻게 그리고 왜 발생할 수 있었는가 하는 것이다. 우리 우주가 그토록 어마어마하게 폭발적으로 급성장을 하도록 만든 것은 무엇이란 말인가?

급팽창 아이디어의 발단은 우주론의 기원까지도 거슬러 올라갈 수 있다. 1917년에 아인슈타인이 일반상대성이론 방정식에 대해 최초로 우주론적 풀이를 제시한 직후, 과학자들은 다른 가능성들을 발견하기 시작했다. 그중에서도 가장 기이한 것은 네덜란드의 천문학자 겸 수학자인 빌럼 드 시터 Willem de Sitter가 발견한 것이었다.

어떤 면에서 드 시터의 우주론적 풀이는 아인슈타인의 풀이와 공통점이 많았다. 두 풀이 모두 우주가 동질의 균일한 상태라는 가정으로부터 유도되었고, 둘 다 아인슈타인의 유명한 우주항을 포함했다. 그러나 드 시터의 풀이는 아인슈타인의 것과 결정적으로 다른 점이 있었다. 여기에는 물질이 포함되지 않았다. 다시 말해 드 시터가 상상했던 우주는 완전히 텅 비어 있었다.

당시 많은 사람은 드 시터의 풀이를 수학적으로 진기한 것 이상으로는 여기지 않았다. 아무튼 우리 우주는 텅 비어 있지 않으니 말이다. 물질은 우리 세상에서 중심적인 역할을 맡고 있다. 아인슈타인이 제시한 풀이에서는 물질로 채워진 우주가 수축하려는 경향에 맞서 우주항이 균형을 맞춰주었고, 이는 정적인 우주라는 결론으로 이어졌다. 반면 드 시터의 우주에서는 우주항의 효과가 우주의 진화를 전적으로 주도한다. 드 시터의 우주 안에서는 서로 밀어낼 물질이 전혀 없는 상태에서 우주항이 공간을 지수함수적으로 팽창시키고, 부피는 끊임없이 증가한다. 실제로 우주항의 크기가 충분히 크기만 하다면 드 시터의 우주는 우주 급팽창 시기를 겪은 우주와 굉장히 비슷해 보인다.

3장에서처럼 위 문단에서도 우주항이 마치 순수한 수학적 항인 것처럼 설명했지만, 이런 항이 이론의 수학적 구조 안에 포함될 때는 물리적 해석도 가지고 있어야 한다. 만일 드 시터의 우주론적 풀이를 급팽창의 맥락 안에서 진지하게 수용하고 싶다면, 이 우주항이라는 것이 실제로 무엇을 의미하는지 질문해야 한다. 우주항이 물리적으로 표현하고 있는 것은 무엇인가?

간단히 말해서, 우주항은—드 시터의 것이든 아인슈타인의 것이든—빈 공간 안에 저장되어 있는 에너지를 서술한다. 우주항이 존재하는 우주에서, 모든 장소와 모든 시간의 단위 공간 안에는 물질 또는 물질이 지닌 에너지 말고도 고정된 양의 에너지가 포함되어 있다. 다시 말해 어떤 식으로든 공간 안에서 마지막 원자 하나까지 모든 것을 다 제거할 수 있다 하더라도, 공간은 우주항의 형태로 에너지를 포함하고 있다. 이 에너지는 공간의 진공 자체의 성질이다.

구스의 제안에서는 우리 우주가 빅뱅 직후 아주 짧은 시간 동안 거대한 우주항을 가지고 있었다고 서술한다. 이 우주항으로 인해 우리 우주는 드 시터가 서술한 대로 지수함수적으로 팽창했다. 여기까지의 내용은 상대적으로 단순하다. 결국 핵심은 이 급팽창 시기가 어떻게 종결했는지 알아내는 데 있다. 구스는 급팽창 시기에 우리 우주의 상태가 다소 불안정했다고 생각했다. 이런 상태를 어느 정도 유지한 후에, 우리 우주는 자발적인 전이를 겪고 거대한 우주항이 없는 좀 더 안정적인 형태로 접어들었고, 이로써 급팽창은 종식되었다. 그러나 이 제안에는 자체적인 문제가 있다. 급팽창이 종료된 후 우주에는 거의 아무것도 남지 않게 된다는 것이다. 지수함수적 팽창을 겪은 공간에서는 물질과 복사의 밀도가 희석되어 사실상 0이 되는데, 이를 다시 채울 방법이 없는 것이다. 우리 우주는 한때 상상조차 할 수 없이 뜨겁고 조밀했다고 알려졌지만, 그와는 대조적으로 구스의 우주는 차갑고 텅 비어 있었다.

그러나 곧 우주론 학자들은 급팽창이 종식되면서도 우주는 물질과 복사로 가득 채워진 채 남을 수 있는 방법들을 제안했다. 안드레이 린데Andrei Linde, 앤디 알브레히트Andy Albrecht, 폴 스타인하트Paul Steinhardt 같은 과학자들이 각각 급팽창이 서서히 끝날 수 있는 방법들을 제시했는데, 이 방법들에서는 한때 공간의 진공 안에 저장되었던 에너지가 무수히 많은 뜨거운 입자로 변환할 수 있다. 이렇게 해서 우주 급팽창을 촉진했던 에너지는 급팽창 시기가 종료한 후 우주를 가열하는 역할도 맡았다.

급팽창은 우리 우주가 이렇게 평평하고 균일해진 과정을 잘 설명한다. 그러나 이 설명이 정말로 옳다고 확신할 수 있을까? 이 설명이 정말로 옳다고 해도, 우리가 그것을 어떻게 알 수 있는가?

급팽창 가설은 처음 제안된 이후 우주론 학자들 사이에서 꾸준히 인기를 얻었다. 급팽창이 정말로 있었던 사건이라고 굳게 믿는 사람은 많지 않지만, 대다수 학자는 평탄성 문제와 지평선 문제를 해결하기 위해 제시된 가설 중에서는 급팽창 가설이 단연 최고라는 점에 동의한다. 한 가지 예를 들면, 급팽창 이후 나온 여러 예측이 모두 사실인 것으로 밝혀졌다. 특히 급팽창 가설들 대부분은 우주마이크로파배경 안에 존재하는 온도 차이의 패턴을 상당히 구체적으로 예측하는데, 이 패턴은 지난 25년 동안 진행된 관측에 의해 멋지게 확인되었다.

더 구체적으로 들여다보면, 급팽창은 초기 우주의 일반 물질과 암흑물질, 복사의 분포가 모두 서로 관련이 있다고 예측한다. 즉, 이들 물질 중 하나의 밀도가 높은 곳에서는 다른 것의 밀도도 높을 것이라는 것이다. 이것은 우주론 학자들이 실제로 관측한 내용이기도 하다. 뿐만 아니라 급팽창은 근본적인 밀도 차이가 대체로—완벽히는 아니고—"척도에 불변"이어야 한다고 예측한다. 이 말은 밀도 차이를 보이는 어느 한 영역에서 영역 안의 한 지점을 확대하더라도 차이의 패턴이 대체로 같은 모양으로 나타난다는 의미다. 이 같은 측면에서 급팽창 가설은 우리 우주가 '프랙탈fractal'과 비슷하다고 예측한다. 우주론 학자들은 이런 성질을 초기 우주 양자 요동의 스펙트럼 지수spectral index of primordial fluctuations를 사용해 정량화하는데, 대부분의 급팽창 이론에서는 이 값이 1보다 약간 작을 것이라고 예측한다(1은 패턴이 척도에 완벽하게 불변일 때의 값이다). 가장 최근에 이루어진 우주마이크로파배경 측정에서 이 값이 약 0.965로 나왔다. 급팽창이 오래전부터 예측한 내용과 완전히 일관된 결과다.

그러나 관측상에서 거둔 성공에도 불구하고, 일부 우주론 학자들은 여전히 급팽창이 실제로 발생했다고 확신하지 못한다. 증거는 눈부시지만 그렇다고 완벽하게 증명된 것은 아니다. 심지어 급팽창이 정말로 일어났다고 하더라도, 솔직히 우리는 이 시기의 세부 내용은 여전히 알지 못한다. 물리학자들은 그동안 수많은 모형을 제시했지만 어떤 모형이건 급팽창 시대를 정확히 설명한다고 말하기 매우 어렵다. 이 시기에 대해 우리가 원하는 직접적이고 상세한 증거들은 오래전 에너지와 시간의 두꺼운 장막 아래 묻혔다. 우주의 극초기 순간들에 관한 측면들이 대부분 그렇듯이, 급팽창도 결정적으로 확증하거나 부정하기가 무척이나 어렵다.

우주론 학자 폴 스타인하트는 급팽창의 창시자들 중 한 명인 동시에 가장 두드러지고 거침없는 비평을 쏟아내는 비평가다. 1980년대 초에 스타인하트는 급팽창에 관해 최초로 이론다운 이론을 개발하는 데 중요한 역할을 했다. 만일 어느 날 급팽창을 뒷받침하는 결정적인 증거가 나와 확증된다면, 그는 분명히 노벨상의 유력한 후보가 될 것이다. 그러나 오늘날 급팽창과 관련해 스타인하트에게서 좋은 이야기를 들을 가능성은 거의 없다. 그는 다른 과학적 흥밋거리—최근 그는 캄차카 반도에서 캐내는 준결정準結晶, quasicrystal에 대해 엄청난 이야기들을 들려준다—에 몰두하지 않을 때는 급팽창을 대체할 아이디어를 개발하거나 동료들에게 급팽창이 실제로 일어났을 가능성은 생각보다 훨씬 낮다고 설득하며 시간을 보낸다. 급팽창을 믿는 신실한 신자들의 관점에서 볼 때 스타인하트는 변절자다.

스타인하트와 그의 동지들이 제기한 이의는 여러 형태를 띠고 있다. 그중 하나는, 우주마이크로파배경의 최근 측정 결과를 놓고 보면 결과 데이터를 수용할 수 있는 유일한 급팽창 이론은 어떤 특성이 매우 구체적이어서 불가능해 보이는 값을 갖고 있다는 주장이다. 이 주장에 따르면 우리 우주의 평평하고 균일한 상태는 급팽창이 아니고서는 설명이 불가능한 건 맞지만, 그 대신 급팽창 시대 자체도 설명이 불가능하다는 특성을 가지고 있다.

그러나 급팽창에 관하여 무엇이 가능하고 가능하지 않은지는 보는 사람의 관점에 달린 문제다. 현재의 데이터에 가장 잘 맞는 급팽창 이론은 공간의 급속한 팽창이 느리게 변화하는 단 하나의 양자장에 의해 구동되었다는 내용을 담고 있다. 비유를 들자면, 공이 가파른 언덕의 경사면을 따라 굴러 내려가는 것이 아니라 대체로 평평하지만 아주 약간 기울어진 평원을 따라 구르는 것과 비슷하다. 지금의 우주 같은 우주가 만들어지려면 이 평원의 위상topology이 다소 구체적인 성질을 가져야 한다. 특히 그 표면이 넓고 매우 평평해야 한다. 이것이 불가능할까? 단언하기 어려운 문제다. 전문가 일부는 가능하다고 하고, 또 일부는 그렇지 않다고 말한다. 이는 본질적으로 주관적인 문제인 것이다. 어느 쪽이 옳든, 급팽창에 관한 최종 판단은 아직 내려지지 않았다고 말하는 편이 공정할 것이다.

급팽창 시대를 겪지 않았다면 우주가 어떻게 그렇게 평평하고 균일한 상태에 이르렀는지 다시 질문을 던져야 한다. 언젠가 우리가 급팽창 가설을 버려야 한다고 해도, 여전히 이 당혹스러운 문제의 답을 찾아야 한다. 급팽창이 아니라면 도대체 무엇이 우리 우주를 이토록 기이하고 구체적인 상태로 만들었는가?

지금까지 급팽창의 대안으로 나온 가설 중 우주론 학자들의 절대적인 지지를 얻은 것은 없었다. 여전히 많은 이에게 급팽창은 우주의 평평함과 균일함을 설명하는 최고의 가설이다. 그러나 다른 아이디어를 전혀 고려하지 않는 것은 아니다. 스타인하트와 그의 지지자들을 예로 들면, 우리 우주가 폭발적인 급팽창 대신 바운스bounce를 통해 시작되었을 가능성을 몇 년 전부터 탐색하고 있다.

이 말을 이해하기 위해, 먼 미래의 어느 때 우리 우주의 팽창 속도가 서서히 느려지다가 어느 순간 팽창을 멈추고, 그 반대 작용이 시작된다고 상상해보자. 우리에게는 이런 현상과 관련된 지표가 없고, 현재까지 이해하는 우주와 우주 팽창의 역사에서 이런 반전을 예측할 근거는 전혀 없지만, 이와 비슷한 일이 언젠가 일어날 가능성을 배제할 방법도 없다. 일단 우주가 수축하기 시작하면 우주는 점점 더 조밀해지면서 뜨거워질 것이고, 우주의 역사가 거꾸로 흐르는 것과 같아질 것이다. 이런 식의 수축은 결국에는 빅 크런치Big Crunch로 막을 내리게 된다.

우주가 빅 크런치를 겪으면 정확히 무슨 일이 일어날까 하는 문제는 아직 미결 상태다. 일반상대성이론 방정식들을 액면 그대로 받아들인다면, 그런 우주는 시간과 공간의 특이점으로 붕괴할 것이다. 어쩌면 빅뱅의 순간에 시작했던 것과 똑같이 끝날 것이다. 그러나 솔직히 그런 극단적인 환경에서도 이 방정식들이 믿을 만한지는 알 수 없다. 빅뱅이든 빅 크런치이든, 가속기 또는 그 비슷한 환경에서 연구했던 것과 비교하면 온도와 밀도가 수십조 배 이상 높은 상태인 것이다. 일반상대성이론의 방정식들이 이처럼 대단히 높은 밀도와 온도의 성질을 정확히 설명하지 못한다고 해도 충분히 있을 수 있는 일이다. 예를 들어 중성자별이나 블랙홀의 근처에만 가도 뉴턴의 중력 방정식으로는 설명이 되지 않는다. 그런 극단적인 조건에서는 일반상대성이론 효과가 대단히 중요해져서 무시할 수 없다. 어쩌면 빅뱅이나 빅 크런치 같은 환경에서도 우리가 아직 상상조차 못 한 그런 이론이 일반상대성이론에 앞설지도 모른다. 비록 그런 이론이 어떻게 생겼을지는 알기 어렵지만, 그런 이론이 우주의 수축 과정에 대해 매우 다른 결말을 예측할 수도 있다고 어렵지 않게 상상해볼 수 있다. 어쩌면 시간과 공간의 특이점으로 끝나는 대신, 빅 크런치가 과정 전체를 뒤집어서 우주의 종말을 불러오지 않고, 그 대신 새로운 빅뱅 같은 상태를 일으켜 모든 것이 처음부터 다시 시작될 수도 있다.

만일 빅 바운스Big Bounce가 우주를 수축에서 팽창으로 또는 그 반대로 전이시킬 수 있다면, 우리 우주는 시작도 없고 끝도 없을 수 있다는 이야기가 된다. 그 대신 우주의 역사는 팽창, 수축, 바운스가 영원토록 되풀이되는 과정으로 이어질 수 있다. 이런 순환하는 우주론 모형은 지난 몇 년간 수많은 변종이 제안되었다. 심지어 아인슈타인도 1920년대와 30년대에 이런 가능성을 고민한 적이 있다. 최근에 나온 모형들은 우리가 알고 경험하는 3차원을 넘어 공간의 덧차원extra dimension을 포함하기도 한다. 이런 이론에서 우리가 경험하는 물질의 형태는 막brane의 제약을 받는다. 3차원 공간인 막은 사실은 그보다 더 큰 다차원 공간의 부분집합이다. 우리 세상이 3차원으로 보이는 이유는 전자와 빛알, 그 밖에 알려진 형태의 물질이 이 막의 한계 안에서만 움직일 수 있기 때문이다. 그러나 막 자체는 공간의 전체 차원에 걸쳐 움직일 수 있다. 이런 시나리오라면 우리의 막이 다른 막과 부딪칠 때마다 빅 크런치 같은 어떤 것 이후에 빅뱅이 발생할 수 있다. 스타인하트와 그의 동지들의 주장에 따르면, 이런 모형들도 급팽창의 패러다임에서 예측되는 내용들만큼 진실일 가능성이 있다.

대다수 현대 우주론 학자에게 지금까지 나온 순환 모형은 그다지 인상적이지 못했다. 언젠가 이런 이론이 우리 우주의 균일하고 평평한 특성을 설명할 수 있을지 모르겠지만, 현재의 모형들은 충분히 구체화된 물리학 이론이라기보다는 가벼운 스케치에 더 가깝다. 이 이론들은 많은 질문을 해결하지 못한 채 남겨두고, 광범위하게 나타나는 이론적 문제들로 골치를 앓고 있다. 뿐만 아니라 이 모형들은 주위에서 보이는 우리 우주의 여러 측면, 이를테면 우주마이크로파배경에서 관측되는 온도 패턴 같은 것을 설명하지 못한다. 어쩌면 이런 문제들은 조만간 모두 해결될지도 모르겠다. 그러나 지금까지 순환우주론cyclic cosmology은 우리가 보는 우주를 급팽창만큼 잘 설명하지는 못하고 있다.

과학에서 일어나는 대부분의 건강한 논쟁들처럼, 이 논쟁의 답 역시 결국에는 이론적 고찰이 아닌 관측과 측정에 의해 나올 것이다. 10년쯤 지나 더 정밀해진 우주마이크로파배경 측정 결과가 나오면 지금까지 제안된 수많은 급팽창 시나리오가 시험대에 오를 것이고, 이를 통해 여러 가능성의 범위를 좁혀가며 이 기이하고 신비로운 시대를 풀어헤치는 단 하나의 진짜 설명으로 수렴해갈 것이다.

앞으로 5년에서 10년 동안 과학자들은 전례 없는 정확도로 우주마이크로파배경을 면밀히 조사할 것이다. 정밀해진 관측을 통해 초기 우주 양자 요동의 스펙트럼 지수와 그 밖의 항목들도 자세히 측정할 것이며, 우주마이크로파 복사에 새겨져 있을 급팽창의 미묘한 성질들을 한층 높은 감도로 확인할 것이다. 예를 들어 여러 양자장을 포함하는 급팽창 모형들은 급팽창의 비非가우시안적 특성non-Gaussianty• 을 예측하는 경우가 많다. 그리고 이보다 더 흥미로운 것은 B 모드 편광B-mode polarization이라고 하는 패턴인데, 이것은 급팽창이 끝

• 가우시안성은 대칭인 종형 모양의 분포를 의미하며, 비가우시안성은 이에 어긋나는 분포를 의미한다. ―옮긴이

나면서 시간과 공간의 잔물결 파동에 의해 만들어진 것이라고 예측되었다.

대부분의 모형에서, B 모드의 크기는 급팽창 동안 존재했던 에너지의 양에 선형적으로 비례한다. 따라서 B 모드를 측정하면 근본적으로 급팽창 시기의 진공에너지 밀도를 알 수 있다. 바로 얼마 전인 2014년 3월, $BICEP_2$ 망원경 연구팀이 최초로 급팽창과 관련된 B 모드를 검출했다고 선언했을 때 우주론 학계는 엄청난 흥분으로 들썩였다. 만일 이 측정이 정확하다면, 급팽창 동안의 에너지 밀도는 LHC보다 1조 배 이상 강력한 가속기에서 구현할 수 있는 것과 대체로 동일하다. 이 정도면 가히 충격적이라 할 만큼 높은 에너지 밀도다. 그러나 불과 몇 달 만에 $BICEP_2$가 포착한 신호의 기원은 우주론과는 관계없으며, 그저 평범한 우주 먼지로부터 생긴 결과라는 사실이 밝혀졌다. 급팽창의 본질에 대해 많은 것을 알려줄 수 있는 우주론적 B 모드는 현재까지 전혀 관측되지 않았다.

급팽창이 우리 우주를 갈라놓으면서, 시간과 공간의 구조 안에 잔물결이 형성되기 시작했다. 중력파gravitational waves라고 하는 이 움직이는 잔물결이 우주마이크로파배경의 패턴에 새겨진 B 모드를 만든 주범이다. 중력파는 우주배경복사에 미묘한 영향을 미친 것 외에 그 자체도 초기 우주의 조건을 극복하고 살아남았어야 한다. 빅뱅의 열로 인해 우리 우주가 우주배경복사로 채워진 것처럼, 급팽창 시대에는 중력파배경이 만들어졌으며 이것이 오늘날까지도 모든 시간과 공간 안에서 찰랑이고 있다. 그러나 우주마이크로파배경이 빅뱅 후 38만 년이 지난 순간의 정보를 가진 반면, 이 중력파배경은 훨씬 더 이전인 원시 우주에 대한 정보를 가지고 있다. 이 시간과 공간의 잔물결을 탐지하고 측정할 수만 있다면, 빅뱅 후 1조분의 1조분의 1초보다 더 짧은 순간이 흘렀을 때 우리 우주의 모습을 엿볼 수 있을 것이다.

우리는 여러 종류의 파동에 익숙하다. 이를테면 물결이나 소리 같은 파동은 주위에서 쉽게 접할 수 있다. 어떤 면에서 중력파는 우리에게 익숙한 이런 파동들과 상당히 비슷하고, 또 어떤 면에서는 매우 다르다. 물결이나 음파가 진행하는 동안에는 물 또는 공기 같은 매질이 왜곡되는 데 반해, 중력파는 공간의 기하 자체를 왜곡시킨다. 중력파는 공간의 곡률 속에서 주기적으로 변화하며 움직인다.

아인슈타인 이전에는 중력파 같은 것이 존재한다고 생각할 아무런 근거가 없었다. 뉴턴의 패러다임 안에서 중력의 효과는 공간을 가로질러 순간적으로 작용한다고 생각되었고, 파동처럼 행동할 여지는 전혀 없었다. 그러나 아인슈타인이 본 중력은 이와는 매우 달랐다. 상대성이론에 따르면 빛보다 빠른 속도로 움직일 수 있는 것은 없으며, 여기에는 중력도 포함된다. 중력의 효과가 어떻게 공간을 가로지르는지 서술하는 일반상대성이론의 풀이들이 있는데, 풀이 중에는 파동으로서 전파되는 시간과 공간의 진동, 즉 중력파에 해당하는 내용도 있다. 이 중력파는 빛의 속도로 이동하며, 중력파가 통과하며 지나는 공간의 기하를 일시적으로 바꾼다. 이로 인해 공간은 팽창과 수축을 하며, 시간은 앞뒤로 늘어났다 수축한다.

중력파를 만드는 것은 어렵지 않다. 무엇이든 가속하는 것만 있으면 거의 백발백중 중력파가 만들어진다. 지구도 태양 주위 궤도를 따라 돌면서 주위 공간에 꾸준히 잔물결을 일으키고 있다. 그러나 지구의 중력파는 대단히 미약해서 인간이 할 수 있는 실험으로는 감지할 수 없다. 훨씬 더 어마어마한 규모의 사건, 이를테면 중성자별이나 블랙홀이 병합해 만들어진 중력파 정도는 되어야 탐지가 가능하다.

천문학의 역사 전반에서, 인간이 눈으로 볼 수 있는 범위가 항상 천문학의 한계로 작용했다. 갈릴레오 갈릴레Galileo Galilei 이후로 천문학자들은 망원경을 이용해 좀 더 멀리 있는 희미한 물체를 관측할 수 있었지만, 이런 관측에서 사용하는 빛도 결국에는 인간이 감지할 수 있는 좁은 파장 범위 안에 속하는 것이었다. 그러나 20세기 중반에 이르면서 천문학자들은 다양한 종류의 빛을 검출할 수 있는 새로운 기술을 사용하기 시작했다. 이 새로운 종류의 망원경은 눈에 보이는 빛뿐만 아니라 자외선과 적외선 복사, X선, 감마선, 전파, 마이크로파까지도 감지했다. 현대 천문학의 범위는 빛에만 국한되지 않는다. 예를 들어 1987년에는 비교적 가까운 곳에서 발생한 초신성 폭발로부터 중성미자가 검출되었다. 오늘날 스스로를 중성미자 천문학자라고 부르는 과학자들은 수백 명이다.

중력파 천문학은 2015년 9월 14일에 시작되었다. 이날은 라이고LIGO 관측소에서 과학자들이 최초로 중력파를 검출한 날이다. 이 특별한 중력파는 약 13억 년 전 두 거대한 블랙홀이—대략 태양보다 29배와 36배 큰—서로 충돌하고 병합하면서 만들어진 것이다. 이들 블랙홀은 수십억 년에 걸쳐 중력파를 꾸준히 공간 안에 방출하고 있었고, 이로 인해 에너지를 잃고 서로에게 점점 가까이 다가갔다. 둘의 궤도가 단단하게 엮이고, 블랙홀들은 더욱 빠르게 회전하며 중력파 형태로 더 많은 에너지를 방출했다. 마침내 이 두 블랙홀은 함께 나선형으로 회전하면서 광속의 절반에 육박하는 속도로 충돌했고, 결국 훨씬 더 큰 하나의 블랙홀을 형성했다. LIGO에서 검출한 중력파의 섬광은 이 블랙홀 짝꿍의 병합 과정

중 마지막 1초 동안 방출된 것이었다.

“섬광”이라는 단어 때문에 이 중력파가 공간을 통과하며 심하게 뒤틀렸다거나 중력파의 세기가 강해서 탐지하기 쉬웠을 거라는 잘못된 인상을 줄 수도 있겠다. 그러나 둘 다 사실과는 거리가 멀다. 중력파가 태양계를 지나면서 늘이는 공간은 아주 미미한 수준이다. 그러나 LIGO 관측소는 이런 변화에 극도로 민감하다. 관측소에 있는 장비는 4킬로미터 거리에 대하여 10^{-19}미터의 변화도 감지할 수 있다. 이는 양성자 크기의 약 1만분의 1에 해당한다.

향후 수십 년 안에 LIGO가 수십 개 또는 수백 개의 블랙홀과 중성자별의 병합에서 방출된 중력파를 탐지할 것으로 기대한다. 이 장을 쓰는 동안, LIGO는 11개의 중력파 탐지를 보고했다. 이 가운데 10개는 블랙홀 병합에서, 한 개는 중성자별 병합에서 방출된 것이다. 그러나 독자가 이 책을 읽을 무렵에는 이 목록이 상당히 길어졌을지도 모른다. 이 분야는 현재 대단히 빠르게 변화하고 있다. 중력파 천문학이 오늘날 모든 과학 분야에서 다루는 주제 중 가장 뜨거운 주제라고 해도 틀린 말은 아닐 것이다.

LIGO가 내놓은 놀라운 성과는 전 세계 과학자들과 과학팬들을 사로잡았다. 그러나 LIGO에서 얻은 결과로는 급팽창에 관해 많은 것을 알아내기 어렵다. 우리 우주의 첫 순간에 형성된 중력파배경을 검출하고 싶다면, LIGO보다도 훨씬 더 야심찬 실험 프로그램에 착수해야 할 것이다. 우주에 관측 장비를 배치하는 중력파 연구 프로그램 말이다.

LIGO는 초당 50회에서 2000회 진동하며 공간을 퍼져나가는 중력파를 검출하도록 설계되었다. 그러나 급팽창에서 나온 중력파의 진동수는 이보다 훨씬 낮을 것으로 예상되며, 지구상에서는 검출이 불가능할 것이다. 다행스럽게도 현재 세 개의 우주선을 태양 주위 궤도에 띄워 중력파 검출기로 활용하는 리사LISA 프로젝트가 진행 중이다. LIGO의 길이가 4킬로미터인 반면, LISA의 장비들은 수백만 킬로미터에 걸쳐 우주 공간에 펼쳐질 것이다. LISA가 2030년대에 발사되면 LIGO가 검출하지 못한 광범위한 현상을 민감하게 감지할 것이다. 아마도 태양보다 수백만 배 또는 수십억 배 무거운 초질량 블랙홀이 방출한 중력파도 검출할 수 있을 것이다. LISA는 블랙홀, 중성자별, 백색왜성들의 병합을 수만 건 이상 감지할 것으로 기대된다. 그리고 최종적으로, 초기 우주가 남긴 중력파 배경을 직접 검출할 수 있으리라는 희망도 있다. 여기에는 급팽창 기간에 만들어진 중력파뿐만 아니라, 상전이 또는 빅뱅 후 첫 몇분의 1초 동안 발생한 극적인 사건들로부터 만들어진 중력파도 포함된다. LISA가 완성되면 이

전에 전혀 가능하지 않았던 방식으로 우리 우주의 첫 역사를 엿볼 수 있을 것이다. 과학의 역사에서 거듭 경험했듯이, 새로운 눈으로 무엇을 바라보면 이전에 아예 볼 수 없었던 것을 발견할 가능성이 대단히 높다. 어쩌면 그것은 전혀 생각지 못했던, 심지어 상상조차 못했던 것일 수도 있다.

빅뱅 이론이 처음 등장한 이후 놀랄 만한 성공을 거두었는데도, 우리 우주가 왜 그렇게 평평한지 왜 그렇게 균일한지 설명할 수 없었다. 이 문제들을 해결하고자 현대의 우주론 학자들은 아인슈타인 방정식에 대한 드 시터의 풀이를 다시 들여다보며, 우리 우주의 첫 순간에 기이한 시기가 있었고 그 시기에 공간이 폭발적인 속도로 팽창했다고 제안한다. 그러나 이제는 우리 우주의 급팽창 시대가 보여준 기이함이 더 이상 유일무이해 보이지 않는다. 지난 20년 동안 이어온 관측을 통해 오늘날의 우주도 꾸준히 가속하며 팽창하고 있음이 밝혀졌다. 다시 말해, 지난 수십억 년 동안 현대의 우주는, 비록 훨씬 완만하게 진행하고는 있지만, 새로운 우주 급팽창의 시대로 전이하는 것 같다는 것이다.

우주가 어제보다 오늘 더 빠르게 팽창하려면, 우주 전반의 공간의 진공에 소량의 에너지 밀도가 있어야 한다. 이때의 에너지 밀도는 대략 1세제곱미터당 양성자 몇 개가 들어 있는 정도에 해당한다. 이러한 이른바 암흑에너지의 밀도는 너무 낮아서 지구 위는 물론이고 태양계 안에서조차 암흑에너지의 효과를 탐지할 수 없다. 그러나 훨씬 더 큰 공간 부피에 걸쳐 평균을 내면, 암흑에너지는 우리 우주에 만연해 있어서 총에너지의 69퍼센트를 차지한다. 나머지 비율은 암흑물질(26퍼센트)과 원자(5퍼센트)로 구성되고, 여기에 극미량의 중성미자와 빛이 따라붙는다. 솔직히 우리는 이 암흑에너지가 무엇인지 제대로 이해하지 못하고 있다. 그리고 그 말은 우리 우주의 팽창이 왜 가속하는지 알지 못한다는 뜻이다.

지금까지 이루어진 최고 수준의 관측을 통해 암흑에너지가 아인슈타인의 우주항과 대단히 비슷하게 행동한다는 것을 알아냈다. 암흑에너지의 밀도는 시간과 공간 모두에 걸쳐 균일하다. 특히 우주가 팽창하는 동안에도 암흑에너지의 밀도는 변함이 없다. 적어도 우리가 측정한 범위 안에서는 그렇다. 다시 말해 암흑에너지는 그 밀도가 공간의 팽창에 따라 변하지 않는다는 것인데, 우주론 학자들은 이런 현상을 암흑에너지의 상태 방정식의 값으로 정량화한다. 완벽하게 균일하고 희석되지 않는 우주항은 상태 방정식의 -1의 값에 해당한다. 가장 최근에 수행된 측정에서 암흑에너지의 상태 방정식 실제 값은 -1에서 5퍼센트 이내 범위에 든다는 것이 밝혀졌다. 그리고 지금 이 장을 쓰는 동안 과학자들로 구성된 '암흑에너지 조사단'이 더 정밀한 측정 결과를 곧 발표할 것이라는 소문이 돌고 있다. 이들은 멀리 있는 초신성, 은하, 은하단을 체계적으로 관측했다. 지금까지 여러 관측 결과를 보면 암흑에너지는 우주 전반에서 균일하고 팽창에도 희석되지 않는다는 암시가 엿보인다. 정확히 아인슈타인의 우주항처럼 말이다.

현대의 가속 팽창 시대는 우주 급팽창 시대와 일부 공통점이 있지만, 여러 주요한 측면에서 다른 점도 있다. 맨 먼저 급팽창 시대의 진공에너지 밀도는 오늘날의 암흑에너지 밀도보다 10^{100}배만큼이나 클 것이라고 추정한다. 이 차이는 왜 현재의 우주는 이렇게 고요하고 급팽창 시대의 급팽창은 지수함수적으로 격렬하게 부풀었는지 설명한다. 급팽창은 불과 몇분의 1초 만에 순간적으로 우주 안의 모든 입자를 떼어 놓고 우리 우주를 완전히 탈바꿈시킨 반면, 오늘날 암흑에너지가 주도하는 공간의 가속 팽창은 광범위한 영역을 주의 깊게 관측해야만 겨우 알아챌 수 있는 수준이다.

두 번째로 다른 점은, 급팽창은 종식된 데 반해 암흑에너지는 우리 우주에서 사라질 기미가 보이지 않는다는 것이다. 만일 이런 경향이 무기한으로 지속된다면, 공간의 팽창에 의해 물질과 복사의 밀도가 희석됨에 따라 암흑에너지는 조금씩 두드러질 것이다. 그렇다면 먼 미래에 우리 우주는 물질과 복사가 점점 더 드물어지고 엄청난 양의 암흑에너지만 존재하는 우주가 될 것 같다. 우주가 진화함에 따라, 한 세기 전 드 시터가 서술했던 우주와 점점 더 닮아갈 것이다. 물질이 전혀 없고 우주항에 의해 완전히 지배받는 우주 말이다.

암흑에너지의 존재를 의심하는 우주론 학자는 거의 없다. 의심하기에는 증거가 너무 압도적이다. 그러나 이런 발견을 설명하거나 이해하는 문제는 과학자들에게 큰 도전이다. 우리 우주의 진공이 이 정도의 진공에너지를 포함하리라고 예상한 사람은 없었고, 암흑에너지의 존재가 우리 우주에 대해 무엇을 말하는지 그 내용에 대해서도 이루어진 합의가 없다. 그러나 현재 우리 우주에서 관측되는 만큼의 암흑에너지가 존재하는 이유를 설명할 아이디어가 하나 나왔다. 이 아이디어는 암흑에너지와 급팽창이라는 쌍둥이 미스터리뿐만 아니라 우주가 여럿 존재한다는 내용을 다루어 우주론 학자들 사이에서 극심한 논쟁을 불러일으키고 있다. 이 아이디어를 지지하는 이들에게, 우리 우주는 생명 그 자체이기 때문에 지금 이 모습으로 존재하는 것이다.

11장

왜 다중우주인가

우리가 마치 연못에서 만족스럽게 헤엄치는 잉어 같다는 생각이
종종 든다. 우리는 자신만의 연못 안에서 살아가며, 우주가 우리 눈에
보이는 낯익은 것들로만 이루어져 있다고 굳게 믿는다.
그렇게 우쭐대며 평행 우주 또는 평행 차원이 우리 옆에,
우리의 이해 너머에 존재할 수 있다는 사실을 인정하지 않는다.

—미치오 카쿠Michio Kaku

1609년의 어느 맑은 밤, 파두아대학교의 이탈리아인 수학자는 그때까지 인간이 한 번도 보지 못한 것을 목격했다. 그것을 보게 해준 장치를 직접 발명한 것은 아니지만—최초의 망원경은 그보다 1년쯤 전 네덜란드에서 처음 발명되었다—수학자는 그가 들은 설명을 떠올려 직접 망원경을 제작하는 데 성공했다. 그날 밤 이전에 망원경은—스파이글래스라는 이름으로 더 많이 알려져 있었다—이를테면 해안에 접근하는 선박이나 저 멀리 적군을 관찰하는 등 지상 관측에만 사용되던 도구였다. 그러나 1609년 가을, 갈릴레오는 이 도구의 용도를 확장해보기로 결심하고, 처음으로 천문학에 손을 뻗쳤다.

갈릴레오는 첫 번째 천문학적 목표물로 밤하늘에서 가장 밝은 천체인 달을 선택했다. 그는 날마다 달 표면을 바라보고 연구했다. 당시에는 누구도 상상하지 못했던 광경을 망원경의 힘을 빌려 관측할 수 있었다. 그가 본 달 표면은 깊은 계곡, 높은 산, 평평한 평지로 이루어져 있었다. 그는 "거칠고 울퉁불퉁하고, 마치 지구의 표면과도 같은" 지형을 발견하고 크게 놀랐다. 이는 당대의 상식과는 반대였다.•

갈릴레오는 망원경을 통해 달의 지형뿐 아니라 이전에는 볼 수 없었던 수많은 별과 목성 주위 궤도를 도는 위성 네 개도 보았다. 특히 목성의 위성 관측은 역사적으로 매우 중요하다. 당시 사람들의 믿음과는 달리, 하늘의 모든 천체가 지구 주위를 돌고 있지 않다는 것을 최초로 확인한 관측이기 때문이다. 여기에 더해 1610년 말 금성의 위상 변화까지 관찰하면서, 갈릴레오는 지구가 우주의 중심이라는 서술이 정확하지 않다는 확신을 가졌다. 망원경의 도움을 받아, 그는 목성 주위를 도는 위성과 태양 주위를 도는 금성을 목격할

• 망원경으로 달을 처음 관측한 사람이 갈릴레오라고 많이 알려졌지만, 실은 영국의 천문학자 겸 수학자 토머스 해리엇(Thomas Harriot)이 갈릴레오보다 몇 개월 앞서 망원경으로 달을 관측했다. 그러나 해리엇은 자신이 그린 달 표면을 한 번도 공개하지 않았고, 영국과 아일랜드에 감자를 처음 도입한 공로로 더 많이 알려져 있다.

수 있었다. 오랜 믿음과 달리 지구는 우리 우주의 중심이 아니었다.

갈릴레오의 관측은 행성과 위성 자체에 대한 놀랍고도 심오한 사실을 몇 가지 알려주었다. 그는 이 천체들이, 적어도 어떤 면에서는, 우리가 사는 세상과 비슷하다는 것을 알게 되었다. 달도 지구처럼 산과 계곡이 있고, 목성은 자체의 위성을 거느리고 있고, 금성은 태양 주위를 돈다. 이 모든 것이 당시의 허용된 가르침 앞에서 보란 듯이 날아다니고 있었다. 당시는 기독교 신학과 아리스토텔레스 철학이 강력한 영향력을 미치던 시대였고, 달, 태양, 행성, 별 같은 천체는 기본적으로 우리가 사는 이 세상과는 달라야 한다는 믿음이 의심할 수 없는 진리로 받아들여지고 있었다. 중세 유럽의 위대한 지성들 사이에서는, 천체란 순수하고 변치 않는 기하학적 개체로서 완벽한 존재이며, 보잘것없는 물질로 이루어진 혼란스럽고 무질서한 우리의 세상과는 그 어떤 공통점도 없다는 합의가 있었다. 그리고 완벽한 구체에 튀어나오거나 움푹 팬 부분이 없는 것처럼, 달과 행성의 표면에도 산이나 계곡 같은 울퉁불퉁한 지형은 없어야 한다고 주장했다.

현대인의 관점에서 보면 어떻게 이런 생각이 중세 유럽 전반에 그렇게 널리 퍼질 수 있었는지 믿기 어렵다. 아무튼 달은 육안으로만 봐도 어둡고 밝은 부분이 뚜렷이 보이니 말이다. 오래전부터 전해 내려온 달나라에 사는 사람이나 토끼 이야기가 달 표면 무늬의 좋은 예일 것이다. 그러나 갈릴레오 시대의 철학자들과 신학자들은 아리스토텔레스의 우주론에 완전히 몰두해 있었고, 달 표면 무늬를 어떻게든 설명하기 위해 많은 노력을 기울였다. 그들의 설명 가운데에는 달 표면의 각기 다른 부분들이 태양빛을 흡수하고 반사하는 양이 달라서, 언뜻 보면 지형 변화처럼 보일 수 있다는 주장도 있었다. 달이 완벽하고 변치 않는 구체가 아닐 가능성은 상상조차 할 수 없는 것이었다. 그러나 달의 표면으로부터 갈릴레오를 향해 날아온 빛은 완전히 다른 이야기를 들려주었다. 우주에 대한 아리스토텔레스의 이상적인 견해는 망원경을 이용한 면밀한 조사에서 살아남지 못했다.

나는 갈릴레오가 이런 놀라운 사실을 발견했을 때 무슨 생각을 했을지 종종 궁금했다. 어떤 사람들에게는 달의 지형에 대해 새롭게 드러난 사실이 조금 색다르거나 사소한 이야깃거리에 지나지 않았을 것이다. 그러나 나는 갈릴레오가 자신이 본 것에서 훨씬 더 큰 의미를 깨달았을 것이라고 생각한다. 그는 결국 지구가 아주 특별하지는 않다는 것을 알게 된 것이다. 그리고 우리는 처음으로 지구 밖에 다른 세상이 존재한다는 것을 알게 되었다.

오늘날 우리는 지구가 우리 우주의 유일한 행성이 아니라는 사실을 당연하게 받아들인다. 지난 20년간 천문학자들은 우리 태양계를 이루는 태양과 여덟 개 행성 외에도 다른 별과 그 주위 궤도를 도는 행성 수천 개를 더 발견했다. 발견이 거듭될수록 행성들은 점점 더 비슷비슷해 보인다. 이제 행성은 예외가 아닌 규칙인 것 같다. 별은 대부분 행성을 거느리고 있다. 우리 은하 안에는 대략 1000억 개 정도의 별이 있고, 수천억 개, 또는 수십조 개 이상의 행성이 함께 존재한다. 이 같은 사실은 무수히 많아 보이는 세계 안에 존재할 수 있는 실체들의 범위를 아무런 제약 없이 상상하게 해준다.

그러나 이 장에서 하려는 이야기는 행성의 형태로 된 세계에 관한 것이 아니다. 우주론이 발전하면서 다른 우주의 존재를 고려해볼 이유가 점점 더 많아지고 있다. 이런 우주들 중 다수는 우리 우주와 매우 다를 수도 있고, 어떤 우주는 굉장히 비슷할 수도 있다. 어느 쪽이든, 나는 우리가 경험할 수 있는 영역으로부터 완전히 분리된 세상에 대해 이야기하고 있다. 가장 강력한 망원경으로도 닿을 수 없는 곳에 있는 세상 말이다.

우리가 알고 경험하는 우주 너머에 다른 우주들이 있을 수 있다고 주장할 때마다 사람들은 종종 회의적인 태도를 보이고, 심지어 노골적으로 반대하기도 한다. 그러나 우리는, 적어도 어떤 면에서는, 다른 우주가 반드시 존재해야만 한다는 것을 안다. 우리 우주가 팽창하고 있다는 것은 명백한 사실이다. 이 팽창으로 인해 공간 안의 모든 점은 각자의 우주 지평선에 둘러싸여 있고, 원칙적으로 그 지평선은 절대 넘어설 수 없다. 우리는 우리의 지평선 너머에 있는 그 어떤 것도 관측할 수 없고 접촉할 수 없다. 우리 지평선 너머에 있는 누군가도 마찬가지로 우리를 관측하거나 접촉할 수 없다. 내가 아는 한, 관측도 접촉도 할 수 없고 결코 다가갈 수도 없는 곳은 나와 같은 우주 안에 있다고 말할 수 없다. 우주를 정의하는 방법은 수없이 많지만, 나는 원칙적으로 우주란 사물이 상호작용할 수 있는 영역이라고 생각한다. 이런 측면에서 볼 때 우리 우주는 팽창하고 있는 더 큰 공간 안의 작은 조각일 뿐이며, 더 큰 공간 안에는 팽창으로 인해 서로 단절된 여러 개의 세상이 포함되어 있다.

오랫동안 우주론 학자들은 우리 지평선을 넘어 공간이 어디까지 펼쳐져 있을지, 또 더 큰 공간 안에는 단절된 영역이 얼마나 많이 존재할지 궁금증을 품었다. 사실 우리는 아는 것이 하나도 없다. 우리가 수집하는 지표들은 우주가 진정으로 광활하며 단절된 영역을 어마어마하게 많이 포함하고 있음을 보여준다. 우리 우주 지평선 너머에는 압도적 다수의 공간이 잘 자리 잡고 있는 것 같다. 그러나 이게 우리가 아는 전부다. 아인슈타인의 방정식을 보면 공간은 모든 방향으로 영원히 뻗어나갈 수 있다. 반대로 공간이 되감겨 원위치로 돌아오는 것도 가능하다. 이런 기하의 공간에서는 한쪽 방향으로 충분히 멀리 나아가면 결국에는 출발했던 곳으로 돌아온다. 마치 지구 표면을 한 바퀴 돌아 걷거나, 고전 비디오게임 "아스테로이드"에서 화면 가장자리를 따라 계속 날아가는 것처럼 말이다. 우리 지평선 너머의 공간이 영원토록 펼쳐져 있는지, 결국에는 되감겨 돌아오는지, 아니면 어떤 의미로는 끝이 있는지 누구도 단언할 수 없다.

만일 공간이 진정으로 무한하다면, 그 영향은 가히 충격적이다. 무한히 펼쳐진 공간 안에 무한한 수의 은하가, 별이, 행성이, 심지어 지성이나 의식을 가진 존재가 흩어져 있지 말라는 법은 없다. 이것은 무한에 관한 문제다. 무한이 없다면 결코 일어나지 않을 일도 무한 안에서는 필연적으로 발생한다. 100만 개의 주사위를 굴리는 경우를 생각해보자. 주사위 100만 개를 던졌을 때 모두 6이 나올 확률은 대략 10^{788151}분의 1로 지극히 낮다. 한 사람의 인생이 몇 번이나 되풀이되는 동안 매일 매일 주사위를 굴려도 그런 일을 볼 가능성은 거의 없다. 그러나 무한히 오래 살면 그런 일을 무수히 많이 볼 수 있다. 아무리 작은 유한한 수도 거기에 무한을 곱하면 무한이 되는 것이다. 마찬가지로 무한한 공간 안에서 우주는 무한 개 존재하고, 그 우주 안에서는 아무리 가능해 보이지 않는 것이라 해도 뭐든 가능하다.

우리가 아는 우주는 원자와 다른 입자들이 특정 시간, 특정 장소에 위치한 집합이라고 생각할 수 있다. 어딘가 아주 먼 곳에 있는 우주의 원자와 입자들이 우리 세상과 아주 정확히 똑같은 방식으로 배열될 확률은 상상도 되지 않을 만큼 작지만, 절대로 0은 아니다. 다시 말해 무한한 공간 안에는 필연적으로 무한한 수의 우주가 존재하며, 그중에는 우리 우주와 구별할 수 없는 우주도 존재할 수 있다. 이런 우주에는 태양과 거의 똑같은 별이 있을 것이고, 이 별의 궤도를 따라 지구와 거의 똑같은 행성이 공전을 하고, 이 행성에는 당신과 나와 거의 똑같은 사람이 살고 있을 것이다. 만일 공간이 영원토록 무한히 펼쳐져 있다면, 필연적으로 이런 결론으로 마무리된다. 아무리 가능성 없어 보이는 사물과 사건이라도 이 거대한 공간 안에서는 반드시 존재하고 발생할 것이다. 이것이 무한의 본질이다.

우주의 팽창으로 인해 여러 영역이 단절된 상태로 나뉜다. 모든 면에서 볼 때 이런 영역들은 사실상 단일 우주의 일부가 아니다. 그보다는 오히려 영역 하나하나가 그 자체로 하나의 우주라고 볼 수 있다. 공간 안의 모든 점은 넘어설 수 없는 우주 지평선에 에워싸여 있고, 이 우주 지평선의 크기는 공간의 팽창 속도에 의해 결정된다. 공간이 빠르게 팽창할수록 우주 지평선은 주변 지점에 더 가까워진다. 현재 우주는 가속 팽창을 하고 있는데, 이런 가속 팽창 시기에는 더 많은 수의 우주가 단절된 상태로 계속 나뉜다. 오늘날에도 이런 일이 일어나고 있지만, 우주의 역사에는 훨씬 더 극적인 팽창이 일어났던 시기가 있었다. 그리고 우주 급팽창보다 더 빠른 속도로 수많은 우주를 창조해낸 것은 없었다.

급팽창 시대에 공간은 충격적인 속도로 팽창하면서 그 안에 든 모든 것을 찢어놓았다. 공간 안에 있는 물체는 어떤 것이라도—기본 입자들마저도—상호작용이 가능할 만큼 충분히 오랜 시간 가까이 있을 수 없었다. 급팽창이 시작될 때 원자 크기 정도의 거리만큼 떨어져 있던 두 물체가 급팽창이 끝났을 때에는 수조 킬로미터 떨어지게 되었다. 고작 몇분의 1초가 흐른 후의 일이었다. 급팽창은 한때는 이웃했던 공간 영역을 벌려놓아 영원토록 단절되게 만들었다. 급팽창에 의한 격리는 완벽하게 이루어져서, 각 영역들은 거리가 멀어진 차원을 넘어 영영 단절되었다. 단절된 영역은 각자 완전히 다른 우주가 되었다.

급팽창으로부터 발현한 공간의 작은 조각 하나가 우리 우주를 형성했다. 그렇지만 하늘에 보이는 모든 것은 우주라는 빙산의 작은 일각에 불과하며, 그렇게 생각할 이유는 충분하다. 급팽창 동안 새롭게 늘어난 공간 안에 무수히 많은 공간의 조각들이 펼쳐졌고, 단절된 세상들로 이루어진 다중우주가 생겨났다. 이 우주들의 집합을 관측할 방법은 전혀 없지만, 그것이 실제로 존재한다고 생각해볼 여지는 충분히 있다.

이 우주들 중 일부에는, 우리 세상에서 발견되는 것과 같거나 아니면 적어도 비슷한 형태의 물질과 에너지, 이를테면 원자와 빛 같은 것이 있을 수 있다. 우리 우주를 구성하는 물질의 기본 단위 블록과 같은 물질을 포함하고 같은 물리 법칙이 적용되는 우주는 우리가 사는 세상과 많이 닮았을 가능성이 굉장히 높다. 물론 그렇다고 해서 그 우주에서도 1066년에 헤이스팅스 전투가 벌어졌다거나, 미국에서 리처드 닉슨이 대통령으로 당선되었다거나 하는 뜻은 아니다. 역사의 구체적인 상황들은 각각의 우주에서 다르게 펼쳐질 것이다. 그런 의미가 아니라, 별, 행성, 은하가 형성되고 별 안에서 일어나는 핵융합이 우리의 태양계에서 발견되는 수많은 화학종을 형성할 수 있다는 이야기다. 그리고 적합한 환경에 적합한 화학이 존재한다면, 그런 복잡한 것들—전투나 대통령 같은—이 충분히 발현할 수 있다는 말이다.

그러나 다중우주 안의 모든 우주가 꼭 우리 우주와 비슷할 필요는 없다. 경우에 따라서는 다른 우주의 자연 법칙은 우리가 관측하는 것과 미묘하게—또는 매우—다를 수도 있다. 급팽창에 의해 분리된 공간 조각들은 각양각색의 물질과 힘의 존재를 뒷받침하는 방식으로 진화할 수도 있다. 지구에서도 대부분의 식물군과 동물상이 지역에 따라 다르듯이, 다중우주의 여러 영역도 다양한 물리 법칙에 의해 서로 다른 모습으로 지배받을 수 있다.

만일 우리 우주의 물리 법칙이 지금과 아주 조금이라도 달랐다면, 우리 세상의 특징들은 극적으로 바뀌었을 것이다. 예를 들어, 만일 전자기력의 세기가 지금보다 4퍼센트만 약했어도—또는 양성자와 전자가 나르는 전기 전하의 양이 아주 약간이라도 더 적었다면—별 안의 양성자들이 서로 결합했을 수 있고, 엄청난 양의 에너지를 방출해 태양이 순식간에 폭발하는 원인으로 작용했을 수 있다. 반면 전자기력이 지금보다 조금 더 강했다면, 탄소 원자가 불안정해져 우리가 아는 생명 형태는 존재할 수 없었을 것이다. 양성자가 지금보다 0.2퍼센트만 무겁거나 중성자가 0.2퍼센트만 가벼웠어도 자유 양성자는 중성자로 붕괴하고, 이 세상에는 안정적인 원자가 전혀 없었을 것이다. 이런저런 면을 볼 때, 우리 우주의 여러 특징은 생명이 발현하는 데 최적화된 것처럼 보인다.

다중우주 안의 어떤 영역들은 우리가 알고 경험하는 세상과는 상당히 다를 것이다. 이런 영역은 새로운 힘과 새로운 형태의 물질이 많은 부분을 채우고 있을 것이다. 어떤 곳은 공간의 차원이 세 개 차원보다 더 많거나 적을 수도 있다. 다 세계는 우리가 상상하는 그 어떤 것과도 완전히 다를 것이다. 현재 우리는 이런 주제를 완전히 이해하는 것과는 거리가 한참 멀다. 최근에야 물리학자들은 우리 우주를 지배하는 물리 법칙이 어떻게 해서 현재와 같은 모습을 갖추었으며 여타 물리 법칙과는 어떻게 다를 수 있는지 진지하게 생각하기 시작했다.

과학의 역사 내내, 물리학자들은 우리 세상이 어떻게 돌아가고 있는지 이해하고자 노력해왔다. 하지만 우리의 생각은 조금씩 맥락을 넓혀가고 있다. 단순히 관찰되는 현상을 연구하고 서술하기보다는 "왜"라는 질문을 스스로에게 던지는 것이다. 전에는 전통적으로 "전자는 어떻게 상호작용하는가?" 또는 "양성자는 무엇으로 만들어졌는가?" 같은 질문을 제기했다면, 지금은 이런 것들이 '왜' 이런 모습인가를 더 많이 생각하고 있다. 자연의 모습을 고찰할 뿐 아니라, 자연이 왜 지금의 이런 모습이 되었는지 생각하는 것이다. 자연의 이런 모습이 다른 곳에서는 다를 수도 있을까?

10장에서 나는 여러 개의 우주를 도입함으로써 암흑에너지 미스터리를 설명할 수 있을 것이고, 다수의 우주는 어떤 식으로든 우주 급팽창 사건과 연결되었을 수 있다고 제시하며 마무리지었다. 그러나 서로 완전히 다른 것 같은 아이디어와 사건들이 어떻게 관련이 있을까? 우리 우주 지평선 너머에 존재하는 우주들의 개수가 어떻게 이곳에서 발견되는 암흑에너지의 양에 영향을 미칠 수 있단 말인가?

암흑에너지는 빈 공간에 존재하는 에너지, 즉 진공의 에너지다. 원칙적으로 물리학자들은 이 에너지의 밀도를 계산하는 방법을 안다고 생각한다. 우리 세상에는 양자적 성질이 있어서 진공에서 입자들이 자발적으로 생성될 수 있고, 이후 곧바로 사라진다. 이 과정은 공간 전체에서 꾸준히 일어난다. 바로 지금 이 순간에도 입자들은—예를 들면 전자와 양전자 짝—독자 여러분의 주위에서 계속 나타났다 사라지고 있는데, 이는 다른 무엇도 아닌 진공 자체의 퍼텐셜에 의한 것이다. 이런 입자들의 수명은 매우 짧지만, 집단적으로는 이른바 빈 공간의 에너지 밀도에 기여한다. 문제는, 진공에서 기대되는 에너지 밀도를 계산해보면 실제로 측정된 암흑에너지의 함량비보다 약 10^{120}배나 큰 값이 나온다는 것이다. 그러니까 이런 과정으로는 이론에서 기대하는 만큼 충분한 암흑에너지가 생성되지 않는다.

이쯤에서 잠시, 이 계산이 얼마나 틀렸는지 따져보자. 나는 살면서 지금까지 수많은 물리 문제를 풀어왔지만, 정답에서 이만큼이나 벗어난 답을 얻어본 적이 없다. 결코 자랑이 아니다. 학교에서 교육을 받으며 그리고 연구를 진행하며 얻었던 오답은 그야말로 부지기수다. 그러나 이 정도로 틀리기는 사실상 쉽지 않다. 예를 들어, 이 암흑에너지 밀도 계산에서 틀린 만큼 양성자의 질량을 틀리게 계산하면 양성자의 질량이 10^{93}킬로그램이라는 결과를 얻게 된다. 이 값은 태양 질량의 약 10^{63}배에 이른다. 실력이 아주 형편없는 학생이라도 이 정도로 부정확한 답을 얻기란 드문 일이다.

이 점은 분명하게 해두자. 이 문제는 중간에 1을 빼먹거나 하는 단순한 실수를 저질러서 생기는 게 아니다. 그런 것이 아니라, 아무래도 이 계산에 개념상의 문제가 있는 것 같다. 그러나 무엇이 문제일지는 추측만 가능할 뿐이다. 지난 10여 년간 집중적인 조사가 이루어졌지만 뚜렷한 진전이나 발견은 없었다. 계산을 수행하는 방식에 정말로 문제가 있다면, 지금으로서는 그 문제가 무엇인지 밝혀줄 단서가 전혀 없다.

암흑에너지가 발견되기 몇 년 전인 1987년, 이 문제를 두고 대단히 색다른 접근법과 해답을 제안한 사람이 있었다. 스티븐 와인버그Steven Weinberg는 입자물리학의 표준 모형을 창시한 설계자들 중 한 명으로, 오늘날 현존하는 물리학자들• 가

• 스티븐 와인버그는 2021년 별세했다. —옮긴이

운데 가장 존경받는 사람으로 꼽힌다. 그는 절대 무모하거나 경솔한 아이디어를 제시하지 않으며, 선동가도 아니다. 동료들은 그를 진지한 사색가이자 일류 과학자로 여긴다. 그러나 1987년에 와인버그가 제안한 가설은 많은 동료를 불편하게 했고, 일부는 격한 분노를 표출했다. 그는 논문에서, 우리 우주의 진공에너지 밀도는 우리가 그 안에 살고 있다는 사실을 고려할 때 설명될 수 있다고 주장했다. 이 사실이 성립되기 위해 필요한 것은 단 하나, 놀랄 만큼 많은 수의 우주가 존재해야 한다는 것이다. 현대의 다중우주 아이디어는 이렇게 탄생했다.

와인버그가 주장한 내용을 좀 더 들여다보자. 한 우주 안에 들어 있는 암흑에너지의 양은 우주의 팽창과 진화의 양상을 결정한다. 적어도 장기적으로는 그렇다. 물질과 복사는 공간의 팽창에 의해 그 밀도가 줄어들지만, 암흑에너지의 밀도는 변함없이 일정하다. 우리 우주를 예로 들면, 암흑에너지는 빅뱅 후 약 98억 년이 지나 전체 에너지 밀도를 지배하기 시작했고, 이 시점부터 팽창은 가속을 받기 시작했다. 그러나 가속 팽창이 시작되는 순간은 암흑에너지가 얼마나 존재하느냐에 좌우된다. 우리 우주보다 암흑에너지를 훨씬 더 많이 포함한 우주에서는 이 가속이 더 일찍 시작될 것이고,

우리 우주에서보다 훨씬 더 드라마틱한 효과를 낳을 것이다.

우리 우주와 비슷한 우주가 암흑에너지의 양만 100만 배 쯤 더 많이 품고 이제 막 시작된다고 상상해보자. 이 우주는 빅뱅 후 2000만 년 정도만 지나면 벌써 가속 팽창이 시작된다. 그 시점까지는 우리 우주와 아주 비슷해 보인다. 가벼운 핵 원소들이 형성되고, 암흑물질, 수소, 헬륨도 비슷한 구성비로 공간을 채운다. 그러나 일단 공간의 팽창이 가속을 받기 시작하면, 이 우주의 역사는 우리 우주의 역사와 완전히 다르게 펼쳐진다. 우리 우주에서는 중력이 암흑물질을 뭉치게 만들어 헤일로를 구성하고, 이것이 이후 은하, 별, 행성의 형성으로 이어진다. 그러나 암흑에너지가 100만 배 많은 우주에서는 공간이 너무 빠르게 팽창하므로 이런 것들이 만들어질 기회가 아예 없다. 그리고 별이 없으면 무거운 원소들이 생성되지 못한다. 별이나 행성이 없는 우주 안에서—심지어 탄소, 산소, 규소, 또는 철도 없는 우주에서는—생명처럼 복잡한 것이 발현하기란 불가능에 가깝다. 암흑에너지가 너무 많은 우주에서는 생명이 발생할 수 없다.

만일 현대의 물리학자들이 진공에너지 밀도를 계산하는 방식이 근본적으로 정확하다고 가정한다면, 더 거대한 다중우주 안에 속해 있는 어마어마한 개수의 우주들은 엄청난 양의 암흑에너지를 품고 있을 것이다. 우리 우주에서 발견되는 양보다 대략 10^{120}배 더 많을 것이다. 그러나 이 계산의 결과는 입력하는 값의 세세한 부분에 의해 좌우된다. 이를테면 존재하는 입자들의 종류와 입자 상호작용의 세기 같은 값이다. 만일 이 값들이 우주마다 다르다면, 어떤 우주는 암흑에너지를 더 많이 포함하고 어떤 우주는 덜 포함한다고 기대해야 한다. 그리고 비록 그런 우주는 대단히 드물겠지만, 어떤 우주는 우리 우주보다 암흑에너지가 더 적을 수도 있다.

언뜻 보기엔 우리가 이렇게 발생 확률이 대단히 낮은 우주에서 살고 있다는 것이 무척이나 이상해 보일 수 있다. 그러나 와인버그의 지적대로, 우리는 올바른 질문을 신중히 던져야 한다. 더 거대한 다중우주 안에 우리 우주와 같은 우주가 어느 정도나 있는지 묻는 것이 아니라, 다중우주 안에 살고 있는 생명체가 스스로를 인지할 가능성이 높은 곳이 어디인지 물어야 한다.

압도적 다수의 다중우주에는 생명이 발현하기에는 암흑에너지가 너무 많다. 그런 곳에서는 살아 있는 관찰자들이 스스로를 발견할 일은 없을 것이다. 사실 우리 우주보다 암흑에너지가 10배 이상 많은 우주에서는 생명이 존재할 가능성이 거의 없다. 다중우주 전반에 걸쳐 생명은 매우 드문 현상이다. 그러나 불가능하지는 않다. 와인버그와 물리학자들은 우주들의 분포 그리고 우주 안에서 행성과 별이 형성될 확률을 고려하여 스스로를 인지하는 관찰자가 발현할 수 있는 우주의 암흑에너지 양을 계산해보았다. 그 결과는 매우 흥미로웠다. 생명이 발견되기에 가장 적합한 장소는 대략 우리 우주 안에 있는 것만큼의 암흑에너지를 포함한 우주다. 이 같은 의미에서, 다중우주가 실제로 존재한다면 오랫동안 이어진 암흑에너지의 미스터리가 풀릴 수 있다.

와인버그의 주장은 인류 원리anthropic principle에 바탕을 두고 있다. 그리고 공정하게 말하자면 이 주장은 우주론 학자들 사이에서도 논란거리다. 핵심을 따져보면, 이 원리는 단지 관찰자가 존재할 수 있는 곳에서만 관찰자가 존재할 수 있다고 말할 뿐이다. 이것이 딱히 못마땅한 내용은 아니다. 그러나 현실적으로 인류 원리의 추론을 적용하려고 할 때는 종종 갖가지 기술적 문제에 부딪히게 된다.

예를 들어 와인버그의 계산에서는, 암흑에너지 밀도가 우주마다 다르며, 암흑에너지의 분포는 아주 큰 값에서 강하게 정점을 찍고 우리 우주에서 관측되는 값까지 가는 꼬리처럼 뻗어나가는 모양이라고 가정해야 한다. 현재 양자장 이론에 대해 알려진 내용을 바탕으로 하면 이런 가정들은 전적으로 타당하며 그럴 가능성도 높다. 그러나 이것이 정말로 확실한지는 알 수 없으며, 앞으로 확신할 수 있는지도 분명치 않다. 그리고 이로 인해 인류 원리의 적용에 대하여 종종 다른 종류의 반대 의견이 제기되곤 한다. 다중우주가 아예 과학이 아니라고 주장하는 이들이 있는 것이다.

20세기의 철학자 칼 포퍼Karl Popper는 구획 문제demarcation problem를 연구한 것으로 유명하다. 구획 문제는 진정한 과학과 사이비과학을 어떻게 구별하느냐는 문제를 다룬다. 대부분의 사람들은 그냥 보기만 해도 과학인지 아닌지 알 수 있다고 생각하지만, 이 문제를 깊이 생각하지 않으면 점성술이나 달 착륙 음모론 같은 것을 배제하면서 우리가 과학이라고 생각하는 것들을 모두 충족하는 기준을 찾기는 대단히 어렵다. 이 문제에 대해 포퍼가 내놓은 답은, 하나의 이론이 과학으로 고려되기 위해서는, 적어도 원칙적으로는, 거짓으로 입증될 여지가 있는 예측을 내놓아야 한다는 것이었다. 오류로 입증될 수 없는 이론은 과학 이론이 아니다.

다중우주와 인류 원리에 반대하는 사람들은 종종 포퍼의 반증 가능성falsifiability 기준을 근거로 든다. 결국 우리에겐 다른 우주가 존재하지 않는다는 것을 명확하게 보여줄 관측 방법이 없다. 다시 말해 반증 가능한 가설처럼 보이지 않는다. 그러나 나는 그들의 주장이 이 문제를 지나치게 단순화한 견해라고 생각한다. 포퍼를 추종했던 철학자 가운데 다수가 그의 반증 가능성 기준을 거부했고, 일부는 사이비과학과 과학을 구별하는 다른 방법을 제안했다. 그런 방법 중에는 이런 주장이 있다. 과학적인 이론이 되기 위한 근본적인 조건은 이론이 제시하는 미래의 정보, 이를테면 관측이나 측정 내용을 합리적인 사람이 봤을 때 그 타당성을 더 확신하거나 덜 확신하게 할 수 있어야 한다는 것이다.—그리고 나는 이 주장에 동의한다. 이것은 포퍼의 반증 가능성 기준과 비슷하면서도 좀 덜 제한적이고 좀 더 유연하다.

그렇다면 암흑에너지 밀도의 관측 결과에 대한 인류 원리의 설명은 이 기준에 따라 과학적이라고 볼 수 있는가? 내가 볼 땐 분명히 그렇다. 결국 와인버그는 암흑에너지가 관측되기 몇 년 전인 1987년에 내놓은 제안에 대하여 논문을 썼다. 논문에서 그는 자신이 세운 그럴싸한 가정들이 정말로 정확하다면, 우주의 진공에너지 밀도가 나중에 측정될 값과 비슷해야 한다고 예측했다. 그리고 이후에 진행된 측정으로 다중우주의 존재를 증명하지는 못했지만, 가능성은 확실히 더 높아진 것처럼 보였다. 내가 보기엔 이것이 암흑에너지에 대한 인류 원리의 설명이 과학적인 이유다. 그것이 사실인지 아닌지는 아직 확신할 수 없다고 하더라도 말이다.

만일 우리 우주가 단독으로 존재하는 것이 아니라 더 큰 다중우주의 일부라면, 새롭고 재미있는 문제가 연속으로 제기된다. 특히 이 같은 관점의 이동은 우리 세상의 기원에 대한 생각을 근본적으로 바꿀 수 있다. 이 책을 관통하며 나는 138억 년 전 발현한 우리 우주의 극도로 뜨겁고 조밀한 상태를 지칭하기 위해 "빅뱅"이라는 표현을 사용했다. 과학자들은 물론이고 수많은 사람이 빅뱅을 우리 우주의 시작이라고 생각한다. 아니면 적어도 우리가 아는 한에서의 시작으로 생각한다. 그러나 우주 급팽창이라는 맥락에서 더 포괄적으로 바라보면, 빅뱅은 하나의 사건이나 시작이라기보다는 진행 중인 과정처럼 보인다. 이런 관점에서 보면 우주가 단독 사건으로 인해 발생한 것이 아니라 끊임없이 이어지는 메커니즘의 결과물일 수 있다.

우주론 학자들이 급팽창을 제안하기 전에는 빅뱅이 하나의 단독 사건이며 그 안에서 시간과 공간 자체가 존재하게 되었다고 생각할 만한 이유가 충분했다. 1960년대 말, 스티븐 호킹Stephen Hawking과 로저 펜로즈Roger Penrose는 특이점 정리singularity theorems라는 수학적 증명을 유도함으로써 이런 관점을 상당히 지지하는 근거를 제시했다. 다른 무엇보다도 이 증명은 일반상대성이론의 성질을 이용하여 물질과 복사로 채워진 우주가 시간과 공간 모두에 묶인다는 것을 보여주었다. 다시 말해 중력의 본질 자체가 시간의 시작을 보증하는 것처럼 보인다는 것이다. 이들의 주장에 따르면 우리 우주는 특이점으로서 시작되었고, 그 전에는 물질이나 에너지, 공간뿐 아니라 시간 같은 것도 없었다. 이 관점에서 보면 빅뱅 '이전' 같은 것은 아예 없는 것이다.

그러나 급팽창의 발생은 우리가 생각하는 우리 세상의 기원을 근본적으로 바꿔놓는다. 호킹과 펜로즈가 유도한 특이점 정리는 에너지 조건energy condition이라고 하는 특정한 가정에 의존하는데, 이 가정은 급팽창에 의해 무너진다. 우리 우주의 팽창과 진화가 오직 물질과 복사에 의해서만 가능하다면 특이점 정리의 결론을 적용할 수 있었을 것이다. 그러나 급팽창 시기에 진공에너지의 지배를 받은 우주 안에서는, 시간과 공간이 특이점으로서 시작된다는 보증이 없다. 아예 시작 자체를 보증하는 것도 없다.

급팽창의 관점에서 보면, 우리 세상은 무無에서 시간과 공간이 자발적으로 생성된 것 같지는 않다. 그보다는 오래도록 이어져온 선조 우주들로부터 탄생한 창조물에 더 가깝다. 급팽창을 하고 있는 공간 영역을 상상해보자. 공간은 꾸준히, 놀라운 속도로 지수함수적으로 팽창하고 있다. 급팽창을 구동시키는 장field이 공간 전반으로 발전하면, 공간의 특성이 변화하면서 결국 급팽창이 종식된다. 그러나 시간과 공간의 양자적 성질로 인해 이 같은 전이가 정확히 동시에 모든 공간에서 일어나지는 않는다. 먼저 공간의 한 조각이 급팽창을 멈추고, 다른 조각들은 계속해서 급속히 팽창할 것이다. 한 영역에서 급팽창이 멈추면, 그 공간은 에너지를 가진 입자들의 뜨겁고 조밀한 플라스마로 채워지고, 플라스마는 공간이 팽창함에 따라 서서히 냉각된다. 다시 말해 그런 공간의 조각들 각각이 그 자체로 하나의 우주가 되고, 잠재적으로는 우리 우주와 크게 다르지 않은 우주가 되는 것이다.

그러나 급팽창을 멈추지 않은 공간 영역에서는 어떤 일이 벌어질까? 궁극적으로는 모든 곳에서 급팽창이 멈추고, 그래서 수많은 그러나 유한한 수의 단절된 우주들이 만들어질 거라고 추측할 수 있겠지만, 이것마저도 가장 가능성 있는 결과를 축소해 말한 것이다. 독자적인 성립이 가능한 급팽창 이론에서는 활발하게 급팽창을 하는 공간의 총량이 시간의 흐름에 따라 '증가'하기만 할 뿐이라고 설명한다. 어떤 영역이 급팽창을 멈추더라도 다른 영역들은 이를 보상하기 위해 더욱 빠른 속도로 성장한다는 것이다. 이 말은 급팽창이 진행될수록 새로운 우주들이 제한 없이 태어나고, 급팽창은 영영 끝나지 않는다는 의미다. 공간이 지수함수적으로 팽창하면서 급팽창은 다중우주의 새로운 영역들을 계속 생성해낸다. 이 과정은 절대 멈추지 않고, 완전한 종식도 없다. 이런 측면에서 보면 급팽창은 영원히 지속되는 것 같다.

만일 급팽창이 영영 끝나지 않는다면 급팽창의 시작이 없었다는 것도 가능하다. 급팽창은 시간의 양방향으로 영원히 계속될 수 있다. 그러나 이러한 맥락에서는 시간 자체가 파악하기 까다롭고 직관에 반하는 개념이 된다. 아인슈타인의 특수상대성이론에 따르면, 두 개의 다른 사건이 발생한 순서는 관찰자의 준거 틀에 따라 좌우된다. 어떤 사람은 한 사건의 발생을 다른 사건 이전에 목격할 수 있는 반면, 공간 안을 빛의 속도에 가깝게 빨리 이동하는 사람은 같은 두 사건이 반대 순서로 발생하는 것을 볼 수 있다. 우리는 급팽창이 인과적으로 단절된 공간들을 많이—아마도 무한히—만들어내는 과정을 이야기하고 있다. 이렇게 단절된 영역들 안에 있는 각각의 관찰자는 어느 영역이 먼저 존재했는지 결코 알아낼 수 없다. 이런 측면에서 다중우주 안에서는 사건이 일어난 순서가 항상 잘 정의되는 것은 아니다.

뿐만 아니라, 만일 급팽창이 정말로 영원토록 계속된다면 잠재적으로 가능한 모든 공간 영역을 만들어낼 가능성이 있다. 이 말은 만일 급팽창이 시작된 공간 영역—최초로 탄생한 공간 영역—이 있었다면 급팽창은 궁극적으로 그것과 비슷한, 아니면 적어도 무작위로 이와 비슷한 공간을 만들 수 있다는 것이다. 이 조각에서 급팽창이 처음부터 전부 다시 시작될 것이다. 어쩌면 이것이 첫 번째 영역이 애초에 존재하게 된 이유일까? 이는 마치 누군가의 자녀의 자녀의 자녀

의 자녀의 자녀의 자녀의 자녀가 그의 부모가 되는 것과 마찬가지다. 사건의 발생 순서를 따져볼 길이 없을 때는, 시간이 펼쳐지는 순서가 반드시 선형적일 필요는 없다. 그리고 직관적일 필요도 없다.

이 장에서는 과학적으로 논란의 여지가 많은 추정과 아이디어들을 이 책의 다른 어느 곳에서보다 더 깊이 생각해보았다. 그러나 급팽창에 관한 증거가 꾸준히 쌓이고 점점 더 강렬해지면서, 수많은 과학자는 우리 우주가 다중우주의 일부이며 영원한 급팽창에 의해 태어났을 가능성을 기꺼이 받아들이며 탐색하고 있다. 그러나 이것마저도 오늘날 우주론 학자들이 하는 상상의 한계치가 아니다. 동기 부여가 잘 되어 있고 전망도 밝은 이론적 기틀, 이를테면 끈 이론 같은 것은, 상상할 수 없을 만큼 거대한 수의 구조들과 그 안에 시간과 공간의 진공이 존재할 수 있다고 설명한다. 이들 진공 상태는 각각 다른 암흑에너지의 밀도뿐 아니라 다른 물리 법칙, 그리고 그 공간을 점유하는 다른 형태의 물질과 에너지에도 부합한다.

게다가 이렇게 멀리까지 왔다면, 굳이 여기에서 멈출 이유가 없지 않은가? 급팽창은 다중우주가 발생할 가능성이 높은 메커니즘과 함께, 우리 우주와 시간적 또는 공간적으로 전혀 연결되지 않고도 다른 우주가 존재할 수 있는 메커니즘을 제공해준다. 우리는 왜 어떤 우주는 존재할 수 있고 어떤 우주는 존재할 수 없는지 더 깊이 생각해볼 수 있다. 한 우주가 그 자신의 존재를 보증할 수 있는 논리적 가능성 때문일까? 아니면 존재할 수 있는 우주의 종류를 지배하는 어떤 우주적 원리가 더 큰 다중우주 안에 있는지도 모른다. 오늘날에는, 이런 문제에 대하여 신뢰할 만한 답이 없다. 그러나 내일에는 어찌 될지 누가 알겠는가?

12장

우주의 열린 질문들

인간의 노력에는 한계가 있을 수 없다.

—스티븐 호킹

과학으로서 우주론이 태어난 것은 겨우 한 세기 전 일이다. 현대 우주론의 패러다임은 아인슈타인의 급진적 아이디어와 우주가 팽창하고 있다는 관측으로부터 탄생했다. 그리고 빅뱅 이론은 비록 처음에는 과학의 변두리 이론으로 출발했지만, 1964년에 우주마이크로파배경이 발견되면서 수십억 년 전 우리 우주가 뜨겁고 조밀한 상태에서 생겨나 진화해왔다는 사실이 의심할 여지없이 확인되었다. 역사상 처음으로 인간은 우주의 기원을 이해하기 시작했다.

지난 50년이 흐르는 동안, 천문학자들과 물리학자들은 활기차게 우리 우주를 면밀히 조사해왔고, 멀고먼 과거에 대해 많은 것을 배웠다. 오늘날 우리는 우리 우주가 어떻게 팽창해왔는지, 우주 역사 전반에 걸쳐 어떤 진화 과정을 거쳤는지 대체로 상세히 이해한다. 그간의 수많은 관측을 통해 확인한 빅뱅 이론의 예측들은 놀랍도록 정확하게 들어맞았고, 솔직히 이 정도일 줄은 누구도 예상하지 못했다. 우리 우주가 지난 138억 년에 걸쳐 팽창해온 속도는 알렉산드르 프리드만이 100여 년 전에 써내려간 방정식과 일치하며, 은하와 은하단의 분포 측정은 이론에서 예측한 것과 거의 구별되지 않을 정도다. 무엇보다 가장 인상적인 것은 우주마이크로파 배경에서 관측한 온도 차이의 세부 패턴이었다. 이것은 우주론 학자들에게는 보물 상자나 다름없는 것이어서, 우리 우주 안에 존재하는 원자, 암흑물질, 중성미자의 양부터 공간 자체의 거대 규모의 기하에 이르기까지 많은 것을 알려준다.

그러나 현대 우주론이 거둔 이 모든 성공에도 불구하고, 수많은 주요 미스터리는 여전히 미해결 상태고, 우리 우주의 가장 첫 순간에 대해서는 아는 것이 거의 없다는 현실을 부정할 수 없다. 사실 최근의 몇 가지 발견은 답을 내놓기보다 문제를 더 많이 제기해온 것이 사실이다. 수십 년간 끊임없이 노력을 기울였음에도 불구하고 암흑물질의 성질은 여전히 오리무중이고, 암흑에너지 문제는 아예 손을 대는 것조차 불가능한 상황이다. 다중우주의 존재와 함께 따라오는 인류 논리의 주장들을 기꺼이 받아들이지 않는 한 말이다. 몇 가지 합리적 추측이 있기는 하지만, 원자를 구성하는 입자들이 빅뱅 후 첫 순간에 어떻게 살아남았는지 우리는 알지 못한다. 그리고 어쩌면 가장 알기 어려운 것일 텐데, 우주 급팽창이 어떻게 진행되고 어떻게 끝났는지도 거의 모른다. 다만 우주가 급속히 팽창한 것 같다고 가정할 뿐이다.

과학의 역사에는 이렇게 한때 곤혹스러웠던 문제가 결국에는 해결된 사례가 수많이 있다. 사실 이 과정은 예외가 아니라 규칙에 가깝다. 이런 관점에서 보면, 시간이 흐르고 꾸준히 노력하기만 하면 결국에는 우주론의 미해결 문제들도 모두 해결되리라 마음을 놓고 믿고 싶은 유혹에 빠질 수도 있다. 과학의 발전에 거스르는 쪽에 돈을 걸면, 적어도 장기적으로는 거의 언제나 돈을 잃게 된다.

그러나 우리 우주와 그 기원에 관한 문제를 두고 과연 얼마나 진전이 있었는지, 앞으로 얼마나 더 많은 것을 배우게 될지, 과연 뭘 배울 수는 있긴 한 건지 아무래도 궁금할 수밖에 없다. 우리는 우리 우주의 지평선 너머는 관측할 수 없고, 따라서 우리가 접근할 수 있는 정보의 양에는 원칙적인 제약이 있다. 이런 관점에서 볼 때, 경험적으로 다루는 것이 불가능한 빅뱅과 이후 순간들의 해결되지 않는 의문은 필연적으로 존재할 수밖에 없다. 이런 의미에서라면 우주론 과학이라 불리는 인간의 거대한 탐구 활동 흐름에 언젠가는 종말이 올지도 모른다.

앞으로 몇 년 동안 우주론이 계속해서 발전해나갈 방법은 여러 가지가 있다. 천문학자들은 최근에서야 첫 중력파를 관측했고, 우주를 바라보는 이 새로운 방법이 우주론의 중요한 발전으로 이어지리라는 것은 거의 확실하다. 또한 우리 우주의 거대 규모 구조와 팽창률 변화를 더 세밀하게 측정할 것이며, 이를 통해 암흑에너지의 본질을 더 많이 알게 될 것이다. LHC와 이후 제작될 입자 가속기들은 더 높은 에너지에서 더 많은 입자를 충돌시킬 것이며, 이로써 빅뱅 후 수십조 분의 1초보다 더 짧은 순간에 작동했던 물리 법칙을 연구할 수 있을 것이다. 우리 우주의 암흑물질을 구성하는 입자를 탐색하는 실험들의 민감도도 지수함수적으로 계속 증가할 것이다. 확신할 길은 없지만, 향후 10년에서 20년 사이에 암흑물질의 성질이 확정적으로 발견된다 하더라도 나는 크게 놀라지 않을 것이다.

우주론의 역사에서 우주마이크로파배경만큼 많은 결실을 맺은 관측이나 측정은 없었다. 빅뱅 후 38만 년이 지난 순간의 상세한 스냅샷을 제공해준 이 빛알들은 지금까지 우리가 알아낸 우주의 어린 시절에 관한 정보들을 대표한다. 다른 무엇보다도 이 우주마이크로파배경을 관측하지 못했다면 사실상 급팽창에 대해 전혀 알지 못했을 것이다. 이전에는 애당초 급팽창 같은 것이 일어났을 거라고 생각할 만한 아무런 근거가 없었다. 우주마이크로파배경을 면밀히 연구함으로써 우리 우주가 기하학적으로 평평하고 균일하다는 것을 알게 되었고, 이 특징을 정확히 설명하기 위해 급팽창이 제안되었다. 뿐만 아니라 현대에 진행된 관측을 통해 우주배경복사의 온도 차이 패턴이 대부분의 급팽창 이론에서 예측한 것과 거의 흡사하다는 사실이 밝혀졌다. 우주론 학자들은 이 같은 결과를 확인하고 실제로 과거에 급팽창과 비슷한 어떤 것이 발생했을 가능성이 높다고 확신하게 되었다. 그렇기는 해도, 급팽창이 어떻게 일어났으며 어떻게 끝났는지에 대해서는 여전히 아는 것이 거의 없다.

다가올 10년 동안 우주론 학자들은 우주마이크로파배경을 더 깊이 조사하고 급팽창에 대해 더 많은 것을 알아낼 것이다. 새로운 망원경이 제작되면 더 강화된 감도로 이 복사의 성질을 세밀히 포착할 것이고, 급팽창과 그 여파에 대해 그 어느 때보다도 많이 알아내게 될 것이다. 이런 측정들을 통해 우주의 극초기 시대에 관한 새롭고 강력한 통찰을 얻을 가능성이 매우 높다. 그러나 그런 노력에도 명백한 한계는 있다. 조만간 우리는 우주마이크로파배경으로부터 얻을 수 있는 것 이상으로 알아내지 못하는 순간을 맞이할 것이다.

우주론의 문제는 연구할 수 있는 우주가 오직 하나뿐이라는 것이다. 원자의 행동을 배우고 싶으면 여러 원자를 가지고 몇 번을 거듭해 실험하고 제한 없이 데이터와 정보를 수집할 수 있다. 그러나 우주가 어떻게 진화하는지 알고 싶다면, 관측할 수 있는 우주는 오직 하나뿐이고, 달라진 조건에서 우주의 행동을 확인하기 위해 실험을 반복할 수도 없다. 더 구체적으로 설명하자면, 우리 우주의 우주마이크로파배경은 단 하나뿐이고, 여기에 담긴 정보의 양은 유한하다. 일단 충분히 높은 정확도로 측정했다면, 다시 측정해서 새롭게 얻을 수 있는 내용은 거의 없다. 따라서 우주마이크로파배경이 우리 우주와 우주의 초기 역사에 대해 알려주는 근본적인 내용을 모두 배우게 될 날이 점점 가까워지고 있는 것이다.

다행히도 우리 우주에는 아직 접근하지 못한 다른 형태의 정보가 많이 남아 있다. 우주마이크로파배경은 우주 역사의 한 특정 순간에 형성되었고—빅뱅 후 약 38만 년—그때 우리 우주를 채우고 있던 대전된 핵과 전자들은 대부분 중성인 원자로 전이되었다. 이 전이가 일어난 이래로 중성 원자들은 각기 다른 종류의 빛을 방출하고 있다. 차세대 우주론 학자들이 우리 우주와 그 첫 순간을 연구할 수 있는 가장 강력한 도구가 바로 이 우주의 원자 기체atomic gas가 내뿜는 빛이다.

수소 원자는 수많은 다양한 종류의 빛을 내는데, 우주론 학자들은 초미세 전이hyperfine transition의 결과로 방출되는 빛알에 가장 관심이 많다. 수소 원자에 묶인 전자가 자발적으로 스핀 방향을 뒤집으면 아주 구체적인 진동수 값을 가진 빛알을 방출한다. 이 진동수는 1.42기가헤르츠(GHz)이며, 이에 해당하는 파장은 21센티미터보다 살짝 크다. 지구에 도달하는 이 파장의 빛을 연구함으로써, 천문학자들은 우리 은하 전반 그리고 근처 다른 영역에 존재하는 수소 원자의 분포와 온도를 결정할 수 있다. 그러나 이 빛알들은 아주 먼 거리를 이동하므로, 공간의 팽창에 의해 파장이 길어지는 적색이동 효과 때문에 처음 만들어졌을 때의 파장보다 더 긴 21센티미터 이상의 파장을 갖게 된다.

우주론 학자들은 각각의 파장에 따른 복사를 연구함으로써 우주 역사의 다양한 시기를 들여다볼 수 있다. 10억 년 전에 수소 원자에서 방출된 빛알을 예로 들어보자. 이 빛알들은 현재 22.7센티미터 정도 되는 파장으로 지구에 도착한다. 반면 80억 년 전에 방출된 빛알은 현재 파장이 43센티미터인 빛의 형태를 띠고 있다. 이런 식으로 가장 오래된 빛알—138억 년 전 우주마이크로파배경이 형성된 시기에 방출된 빛알—의 파장은 적색이동에 의해 230미터 정도에 이른다. 그러므로 우주마이크로파배경이 우리 우주의 아주 특별한 순간을 포착한 스냅샷을 제공해주었다면, 이 적색이동된

21센티미터짜리 빛 배경은 우리 우주의 138억 년 역사를 고스란히 기록한 필름 같은 것을 안겨준다. 우리는 우주마이크로파배경 연구를 통해 급팽창이 발생했을 가능성이 높다는 것을 배웠다. 그리고 우주 역사 전반에서 방출되었던 21센티미터 빛을 측정하고 면밀히 조사해, 이 특별한 시대가 어떻게 진행되고 어떻게 끝났는지, 그리고 어떻게 오늘날의 우리 우주를 형성했는지 알아낼 것이다.

지구에 도달하는 적색이동된 21센티미터 복사는 우리 우주에 관해 말해줄 엄청난 양의 정보를 담고 있다. 우주마이크로파배경보다도 더 많은 정보다. 그러나 이 정보는 깊숙이 숨어 있어 관측하거나 추출하기가 결코 쉽지 않다. 물론 천문학자들은 1950년대부터 우리 은하에서 오는 21센티미터 파장의 빛알을 검출했지만, 더 멀리서 오는 흥미로운 우주론적 신호는 이보다 더 희미해서 측정하고 연구하기가 훨씬 더 어렵다.

이 장을 쓰는 동안, 우주의 새벽cosmic dawn이라고 하는 시대에 방출된 적색이동된 21센티미터 파장 빛을 최초로 관측했다는 보고가 나오기 시작했다. 우주의 새벽은 빅뱅 후 약 2억 년이 지났을 때를 말하며, 우리 우주의 첫 번째 별들이 형성된 시기였다. 우리는 이때 방출된 신호를 넓은 범위의 파장에 걸쳐 향후 10년간 수집하고, 우주의 새벽이 시작된 순간부터 우주 역사의 최근에 이르기까지 지도를 그려낼 수 있기를 바란다. 이 야심찬 프로그램을 실행하려면 통상적인 망원경으로는 역부족일 것이다. 일반 망원경은 이 빛이 속한 파장 범위의 빛을 보지 못하기 때문이다. 천문학자들은 그 대신 면밀히 고심해 설계한 전파 안테나를 여러 대 건설하고, 이를 수 킬로미터가 넘는 영역에 배열하여 작동시킬 계획을 세우고 있다.

전망이 밝은 것은 분명하지만, 이런 노력들은 어마어마한 도전과 한계에 직면해 있다. 일례로, 인간은 이 진동수 범위에서 엄청난 양의 소음을 만들어낸다. 휴대전화부터 단파 무선통신에 이르기까지, 포착해야 할 신호와 비슷한 진동수의 소음들 때문에 우주론 학자들이 이 신호를 탐지해 연구하기가 매우 어렵다. 밤하늘에 가득 찬 아름다움을 도시의 불빛이 가리는 것과 비슷한 상황이다. 이런 이유로 천문학자들은 남아프리카, 캐나다, 오스트레일리아의 아웃백 지역 같은 외진 곳에 안테나를 설치하고 있다. 여기에 더하여 지구 전리층이 우주론 학자들이 가장 흥미로워하는 진동수 범위에 속하는 복사의 상당량을 흡수한다는 문제도 있다. 이런 식으로 따지면 지구는 우리 우주를 연구하기에 썩 좋은 장소는 아닌 것 같다.

그러나 지구가 아니라면 어디에서 연구할 것인가? 인간이 만든 전파는 지구로부터 사방으로 퍼져나가고, 태양계를 백색잡음으로 끊임없이 오염시키고 있다. 위성이나 국제 우주정거장 위에 전파 안테나를 세우더라도 이곳 지구에서 경험하는 것 같은 골치 아픈 문제들을 완전히 피할 수는 없을 것이다. 그러나 휴대전화와 전파 신호가 도달하지 못하는 곳이 한 군데 있다. 태양계 전체를 통틀어 달의 뒷면만큼 조용한 곳은 없다.

과학자들이 야심찬 우주 탐사를 수행할 궁극의 장소로 달을 눈여겨볼 가능성이 높아 보인다. 어쩌면 반드시 달에 가야 할 것 같기도 하다. 단순한 전파 안테나 수백만 개를 달 표면 100킬로미터 영역에 넓게 펼쳐 설치하면, 우주의 역사와 진화, 그리고 기원에 관한 근본적인 내용을 모두 알아내는 데 크게 도움이 될 수 있다. 우주 급팽창의 비밀도 지구의 유일한 위성의 먼 뒤쪽에서 우리를 맞이하기를 기다리고 있을지도 모른다.

그러나 아무리 낙관적으로 전망하더라도, 천문학자들이 달의 뒷면에 전파 안테나들을 설치할 수 있기까지는 족히 수십 년은 걸릴 것이다. 최근 미국항공우주국NASA과 유럽우주기구ESA에서 달 표면에 거대한 과학 장비를 건설하겠다는 계획을 세우기 시작했는데, 아직 구체적으로 정해진 것은 없고 대략적인 스케치 수준일 뿐이다. 상황이 어떻게 전개될지 예측하기가 매우 어렵지만, 우리가 21세기 중반 무렵에 달에서의 우주론을 연구하게 되더라도 크게 놀랍지 않을 것이다.

우주마이크로파배경과 적색이동된 21센티미터 복사를 함께 측정하면서, 우주론 학자들은 우리 우주의 초기 역사에 대해, 특히 우주 급팽창 시대에 대해 지금보다 훨씬 더 많은 것을 알게 될 것이다. 이러한 노력을 통해 급팽창 이론을 검증하고 지금보다 더 강력한 기반을 마련할 뿐만 아니라, 우주가 형체를 갖추어가던 이 시대에 대해 지금까지 잘 알지 못했던 부분들을 채워줄 것이다. 측정을 통해 급팽창 시기에 공간 안에 포함되어 있던 에너지의 양과 급팽창이 끝나게 된 메커니즘 같은 것들이 밝혀지면서, 우주 역사상 가장 핵심적이고 중요한 시대를 들여다볼 새롭고 강력한 창이 열릴 것이다.

지금까지 이 책에서는 급팽창 이전의 기간에 대해서는 아무것도 설명하지 못했다. 급팽창 이전—빅뱅 후 10^{-32}초 정도까지—우리 우주가 어떤 모습이었는지 말해줄 관측이나 데이터가 전혀 없기 때문이다. 그러나 관측된 것이 없다 해도 이 시기에 대해 우리가 아는 게 전혀 없다고 말하는 건 부당하다. 더 높은 온도를 향해, 시간을 거슬러 올라가 추정함으로써 극초기 순간의 우리 우주가 어떤 모습이었을지 합리적으로 추정할 수 있기 때문이다.

급팽창이 일어나는 동안 우리 우주의 에너지 밀도는 어마어마했다. 결국 이 진공에너지가 공간을 그처럼 굉장한 속도로 팽창시킨 구동력이 된 것이다. 이 에너지는 분명히 어딘가에서 왔을 것이고, 이 말은 급팽창이 시작되기 전 공간을 엄청난 양의 에너지를 나르는 입자들이 조밀하게 채웠다는 뜻이다. 이때 어느 곳의 온도는 대략 10^{29}도에 이르렀을 것으로 추정된다. 불행하게도, 이런 높은 온도에서 물질과 에너지가 어떻게 행동할지 관측하거나 측정할 방법이 우리에겐 없다. LHC도 이 정도로 엄청난 에너지에서 입자를 생성하거나 충돌시키지 못한다. 이 정도 속도까지 입자를 가속할 수 있는 기계를 건설하려면, 기계의 크기가 태양계 크기만큼은 되어야 한다. 그런 프로젝트가 조만간 시작될 수 없다는 것은 두말할 필요도 없는 일이다.

그렇다고 희망이 전혀 없는 것은 아니다. 낮은 에너지에서 적용되는 물리 법칙을 연구하고, 이를 추정하여 우주의 초기 시대를 추론할 수 있다. 예를 들어 오래전부터 물리학자들은 강력, 약력, 전자기력의 세기가 각각 온도에 따라 변화한다는 것을 알고 있었다. 예를 들어 강력은 온도가 증가하면 감소하고, 따라서 초기 우주 시절에는 지금보다 훨씬 더 약했다. 오늘날의 우주에서는 이 세 힘이 각기 다른 세기로 작용하지만, 계산해보면 우리 우주의 온도가 10^{28}도 근처였을 때는 세 힘의 세기가 대체로 같았을 것으로 확인된다. 많은 물리학자는 이 같은 결과를 놓고 이 세 힘이 겉으로 보이는 것처럼 독자적이지 않다는 지표로 여긴다. 이 세 힘은 별개의 힘이 아니라 단 하나의 통합된 힘이 다른 모습으로 발현했다는 것이다. 사실상 표준 모형의 수많은 특징도 이 세 힘과 세 힘을 경험하는 입자들이 모두 더 크고 더 복잡한 이론의 일부일 거라고 암시한다. 이 이론을 우리는 대통일 이론Grand Unified Theory이라고 부른다.

어느 면에서 보면 대통일 이론의 등장은 과거에 전기와 자기를 이해하게 된 과정과 공통점이 있다. 19세기 이전에는 전류나 번개 같은 현상과 나침반 바늘이 항상 북쪽을 가리키는 이유가 서로 관계가 없다고 생각했다. 당시 자연철학자들의 관점에서 전기와 자기는 자연이 보여주는 별개의 양상이었다. 그러다가 전기장이 변화할 때마다 자기장이 만들어진다는 것을 알게 된 것이다. 이제 우리는 자기장이란 결국 움직이는 전기장 이상의 것이 아니라는 사실을 이해한다. 전기와 자기는 서로 분리될 수 없고 독자적으로 존재할 수도 없으며, 전자기력의 각기 다른 측면일 뿐이다. 많은 물리학자가 높은 가능성을 점치고 있는 것처럼 우리 우주가 대통일 이론으로 서술될 수 있다면, 강력, 약력, 전자기력도 전기와 자기처럼 깊이 관련을 맺고 있을 것이다.

대부분의 대통일 이론들에 따르면, 우리 우주는 극초기 시대에 팽창하고 냉각되면서 주요한 전이를 경험했다. 극초기 순간에—이때의 온도는 10^{28}도를 훌쩍 넘었다—강력, 약력, 전자기력은 하나의 통일된 힘으로서 지극히 무거운 입자 종들에게 작용하고 있었다. 이 입자들은 현재 우리가 제작할 수 있는 입자 가속기에서는 만들 수조차 없다. 이 시기에 우리 우주를 지배했던 물리 법칙은 현재 알려져 있거나 입자 가속기에서 연구할 수 있는 법칙과는 완전히 달랐다. 그러나 공간이 팽창하고 냉각됨에 따라 우리 우주는 상전이를 겪었고, 통일되어 있던 힘은 그 과정에서 별개의 세 가지 힘, 즉 강력, 약력, 전자기력으로 분리되었다. 시간을 더 멀리까지 거슬러 가면 갈수록 우리 우주의 모습은 점점 더 알아보기 힘들어진다. 그러나 시간이 앞으로 나아가면서 공간과 공간이 포함한 에너지의 형태는 우리 세상과 점점 더 닮아가는 모습으로 급속히 변환했다.

대통일 시대에 우리 우주는 대단히 생경한 곳이었다. 그러나 빅뱅의 순간에 근접할 때까지 시간을 거슬러 가면 우리 우주는 더욱 알아볼 수 없다. 이 첫 10^{-43}초 동안에는 시간과 공간의 성질 자체가 오늘날 우리 우주에서 볼 수 있는 것과는 아예 달랐다. 이 시기는 우리 우주가 가장 기이하고 신비로웠던 때였다. 바로 양자중력의 시대다.

근본적으로 현대 물리학의 모든 것은 특별히 강력한 두 이론 위에 세워졌다. 아인슈타인의 일반상대성이론 그리고 입자와 장들을 서술하는 양자이론이다. 지금까지 이루어진 수많은 측정과 관측에서 이 두 이론은 각각 극적인 성공을 거두었다. 지난 100년간 물리학자들은 이 이론들의 한계를 시험했고, 이 이론들이 실패할 수도 있는 상황이나 조건을 확인하기 위해 정확도를 높여가며 온 힘을 기울여 연구해왔다. 그러나 이런 엄청난 노력에도 불구하고 그런 한계는 아직까지 발견되지 않았다. 현재까지 가능했던 관측과 연구를 바탕으로 말하자면, 일반상대성이론과 양자이론은 모든 시험을 통과했다. 다시 말해 이 두 이론은 우리 우주를 놀랍도록 정확하고 상세하게 설명한다.

그러나 이것으로 완결된 이야기가 될 수 없다는 것을 우리는 안다. 물리학자들은 극단적인 조건의 자연을 서술할 때에는 두 이론 중 하나 또는 둘 다 어떤 식으로든 무너지고 실패할 수밖에 없다는 것을 오래전부터 깨닫고 있었다. 놀라운 성공을 거두긴 했어도 일반상대성이론은 양자이론이 아니며 그 어떤 양자이론과도 양립할 수 없다.

아인슈타인의 상대성이론은 일반적인 환경에서라면 공간

의 기하 또는 곡률을 바탕으로 그 공간 안을 움직이는 사물의 운동을 정확하게 예측한다. 우리 우주에서 관측된 그 어떤 입자에 대해서도 이 이론은 간단하고 정확한 설명을 제시한다. 그러나 어마어마한 에너지를 품고 있어서 그 존재만으로도 주위 공간을 강하게 비틀어버리는 입자를 상상해볼 수 있다. 그리고 그런 입자가 두 개 이상 가까이 있으면 미니 블랙홀을 형성하거나 아예 알아볼 수도 없을 만큼 공간의 기하를 심하게 휘게 만들 수 있다. 양자 입자들은 일반적으로 한 순간에 한 곳에만 위치하지 않는다는 사실을 고려하면 상황은 더욱 기이해진다. 따라서 극단적인 온도와 밀도 조건 하에서는, 양자 입자들과 입자 주위 공간은 서로 다른 기하 배열의 동시적 집단으로서만 설명할 수 있다. 이것을 시공간 거품spacetime foam이라고 부르기도 한다.

물리학자들은 이 시공간 거품도 다른 양자장처럼 개별적인 조각들, 즉 양자로 구성되었다고 생각한다. 비교 차원에서 전자기력을 예로 들어보자. 양자물리학이 발견된 이래로 전자기력은 공간을 가로질러 뻗어나가는 연속적인 장의 언어로서 서술될 수 있었다. 그러나 양자 규모로 내려가면 전자기장은 연속적이지 않고 그 대신 어마어마하게 많은 낱개의 입자들, 즉 빛알로 이루어져 있다고 이해한다. 마찬가지로 중력 현상이 우리 우주의 양자적 성질과 양립 가능하려면 어떤 식으로든 낱알의 양자로 이루어져 있어야 한다. 이러한 가설상의 입자를 중력자graviton라고 한다. 일부 물리학자들은 심지어 시간과 공간 자체도 어쩌면 낱알의 양자로 이루어져 있을 것이라고 생각한다.

이러한 시간과 공간의 양자적 측면은 우리의 실험과 관측으로는 감지가 불가능하다. 극도로 높은 에너지—LHC에서 다루는 에너지보다 10^{15}배 더 큰 에너지—에서만 시간과 공간의 기하가 진정한 양자적 성질을 드러내기 시작할 텐데, 이렇게 많은 에너지를 가진 입자는 오늘날 우리 우주에는 존재하지 않는다. 그러나 한때는 이 정도의 에너지가 자연 안에 실제로 존재했었다. 빅뱅 후 첫 10^{-43}초 동안이었다. 이 양자중력의 시대에 존재했던 것들은 그 어느 것도—시간과 공간 자체를 포함해서—우리의 개념에 부합하지 않고 인지할 수도 없었다. 그때의 모든 것은 우리가 상상해온 그 무엇과도 달랐다.

그렇다고 독자들이 현재 우리가 양자중력을 잘 이해하고 있다고 생각하지 않았으면 좋겠다. 사실 우리는 양자중력을 잘 모른다. 그러므로 우리 우주의 양자중력 시대에 대해 말한 내용들이 부분적으로, 어쩌면 거의 대부분이 틀렸을 수도 있다. 빅뱅 후 첫 10^{-43}초에 대해 이야기할 때에는 합리적인 추정과 많은 정보를 바탕으로 한 추정에 의존하는 것 외엔 별다른 선택지가 없다.

앞서 설명한 세 힘의 통합에서 거둔 성공에 고무된 물리학자들은 일반상대성이론으로 서술되는 중력 현상을 양자이론으로 확장시키는 작업에 착수했다. 그리고 시작하자마자 곧바로 심각한 문제들에 부딪혔다. 빛알들로 전자기장을 설명하는 것처럼 개별적인 중력자들의 언어로 공간의 곡률을 서술하는 이론을 세워보면, 이론 안의 수많은 계산에서 무한이 폭발한다. 기술적인 용어로 설명하자면, 이 양자중력 이론들은 재규격화renornalization•가 불가능하다. 재규격화가 불가능하다는 것은 이 이론들이 성립될 수 없으며 우리 우주에 대하여 논리적이고 자기모순 없는 진짜 서술을 내놓을 수 없다는 명백한 지표다.

이 문제들을 극복하기 위해 학자들은 엄청난 노력을 들여 끈 이론과 고리양자중력loop quantum gravity 같은 아이디어들을 연구했다. 끈 이론에서 장들은 점처럼 생긴 양자 입자가 아닌 확장된 양자적 사물, 이를테면 끈이나 막membrane으로 구성되어 있다. 많은 물리학자는 끈 이론이 언젠가 완전히 재

• 물리량의 기준을 다시 세워준다는 뜻으로, 양자론 계산의 최대 난제인 '무한'을 극복하는 기술을 말한다. —옮긴이

규격화되고 자기모순이 없는 일관된 서술로서 양자중력을 설명할 수 있으리라 기대한다. 그러나 지금까지 이해하는 끈 이론을 바탕으로 보면, 이는 시간과 공간이 굉장히 넓게 확장되어야만 가능하다. 참으로 이상한 이야기이지만, 끈 이론은 우리 우주가 10차원, 11차원, 또는 26차원의 공간 그리고 시간 차원으로 구성되어야 한다고 요구하는 것 같다.

언뜻 보기에, 이렇게 많은 차원이 필요하다는 것은 끈 이론의 치명적인 결함처럼 보인다. 우리가 경험하는 세상은 명백하게 4차원적이다. 사건은 시간의 어느 한 순간 그리고 3차원 공간 안의 어느 한 곳에서 일어난다. 그러나 물리학자들은 직접적인 경험에서는 감춰져 있는 다른 공간 차원들이 존재할 여러 가지 방법을 제시해왔다. 예를 들어 다른 차원들은 너무나도 작아서 우리가 눈치 채지 못할 수도 있다. 표준적인 세 개의 공간 차원에 대하여 각각 수직인 공간에서 방향을 잠깐 그려보자. 그리고 이제 이 네 번째 공간 차원이 아주 짧은 거리만큼 지속되다가 그 자신으로 돌아와 고리를 짓는다고 상상해보자. 이 방향으로는 겨우 10^{-35}미터만 나아가면 우주 전체를 일주하고 출발했던 곳으로 되돌아온다. 양자 입자들 대부분은 이 덧차원을 가로지르기는 커녕 그 안에 가만히 있기에도 너무 크다. 그러니 입자들에게 이 덧차원은 아예 존재하지 않는 것이나 마찬가지다. 이런 관점에서 보면 우리가 10차원, 11차원, 또는 26차원의 우주에서 살고 있다고 말할 수 있겠지만, 이런 차원들은 대부분 우리가 알아채기에는 너무 작은 고리로 말려 있다. 그러나 양자 입자의 크기는 에너지에 좌우된다. 입자가 에너지를 더 많이 가질수록 파장은 더 짧아진다. 이런 이유로 엄청난 양의 에너지를 가진 입자들은 엄청나게 작다. 이런 입자라면 아마 모든 공간 차원을 다 여행하기에 충분할 만큼 작을 수도 있다.

그러나 시간을 한참 더 뒤로 거슬러 가면, 당시 공간을 채웠던 입자들은 훨씬 더 많은 에너지를 가지고 있었기 때문에 오늘날 우리가 경험하지 못하는 공간 차원들을 여행할 수 있었는지도 모른다. 이런 의미에서, 우리 우주는 팽창하고 냉각되면서 차원이 꾸준히 줄어들도록 전이했을 수도 있다. 만일 끈 이론이 양자중력을 이해하는 올바른 길이라고 판명된다면, 이런 일련의 전이가 빅뱅 후 첫 10^{-43}초 정도까지 쭉 일어났다고 할 수도 있다. 비록 우리 우주는 역사상 다소 이른 시점에 실질적인 4차원이 되었지만(시간을 포함해서), 시간과 공간의 진정한 차원은 양자중력 시대라고 하는 이 짧은 순간에 적나라하게 모습을 드러냈었다.

상황은 점점 더 이상하게 꼬여갔다. 끈 이론가들은 특정 중력 이론이 양자 입자들의 행동과 상호작용을 서술하는 다른 이론들과 곧장 관련된다는 것을—또는 대응된다는 것을—발견했다. 1980년대에는 다섯 가지 버전의 끈 이론을 발견했는데, 26차원을 요구하는 이론 하나와 10차원의 시간과 공간을 다루는 이론 네 개였다. 학자들은 적어도 이 다섯 이론 중 하나는 우리 우주를 서술하는 이론임이 밝혀지리라 생각했지만—아니면 적어도 기대했지만—그중 어느 것인지는 확실히 알 수 없었다. 그리고 1990년대 초에 발견된 내용은 관련된 이들 모두를 놀라게 했다. 이 다섯 개의 끈 이론은 각각이 별개로 완전히 독자적인 이론이 아니라, 하나의 거대한 11차원 이론을 각자 부분적으로 설명하는 것으로 판명된 것이다. 이 다섯 이론은 수학 연산을 통해 다른 어떤 이론으로도 변환될 수 있었다. 다시 말해 이 다섯 이론은 표면적으로는 서로 완전히 다르게 보이지만, 모두 바탕에 깔린 하나의 현상을 설명하고 있다.

이러한 깨달음은 시간과 공간의 성질에 대한 중대한 암시를 담고 있었다. 만일 10차원 이론이 26차원 이론과 같은 바탕의 현상을 서술한다면, 시공간을 10차원으로 생각해야 하는가, 아니면 26차원으로 생각해야 하는가? 양자중력 시대에는 이 문제에 대한 간단한 답이 없었을지도 모른다. 가장 기이한 이 시대에는 아예 시간 또는 공간의 차원이라는 것이 무슨 의미인지조차 애매모호할 수 있다. 마침내 어느 날 우리가 양자중력을 이해하게 된다면, 가장 첫 순간의 우리 우주를 10차원으로 생각해야 할지 26차원으로 생각해야 할지 그 여부도 분명하지 않은 것으로 밝혀질 수 있다. 어떤 의미로는 둘 다였다고 배우게 될 수도 있다.

지난 한 세기 동안 과학자들은 오랫동안 풀리지 않았던 퍼즐과 의문을 화려하게 해결해왔다. 원자 내부의 현상들과 DNA의 구조부터 별의 진화와 빛의 성질까지, 과학은 모든 이의 기대를 넘어선 성과를 보였다. 이러한 관점에서 볼 때, 이 책에서 탐구한 의문 중 대다수도 앞으로 수 년 또는 수십 년 안에 그 답을 찾을 수 있으리라고 예상하는 것도 타당하다. 역사를 돌이켜보면 가장 어려웠던 과학적 도전 과제도 극복할 방법이 있었다는 것을 알게 된다.

그러나 이 모든 게 끝나는 곳은 어디일까? 과학이 제기하는 의문들의 답을 찾아나가는 과정에서 종종 새로운 의문이 튀어나오곤 한다. 인류 역사 전반에 걸쳐 우리는 우리 세상을 개념화하는 새롭고 강력한 방법을 수없이 발견했고, 이러한 과정은 틀림없이 미래에도 계속될 것이다. 그러나 수백 년, 수천 년, 심지어 수백만 년이 흘러도 여전히 답을 찾지 못할 의문들이 있을까? 언젠가 우리는 과학의 끝에 도달할 수 있을까?

개인적으로 나는 누구든—이 문제에 관해서라면 어느 문

명이든—거대한 프로젝트의 진정한 끝에 도달하리라는 데 회의적이다. 일례로 우리 우주의 구조를 이해하는 생각의 겹이 영원토록 끝없이 쌓일 수도 있다. 한 세기 전에 우리는 뉴턴이 바라보던 중력의 개념을 시간과 공간 기하와 관련된 현상으로 해석하는 아인슈타인의 아이디어로 대체했다. 그리고 나는 언젠가 우리가 시간과 공간을 생각하는 더욱 강력한 방식을 발견할 것이라 기대한다. 그리고 이 양자중력 이론이 완성되면 일반상대성이론을 대체할 것이다. 어쩌면 이런 식의 발전이 영원토록 계속될지도 모른다. 우리 세상을 더 심오하고 더 완벽하게 설명할 새 이론이 등장해 옛 이론을 대체하고, 이 과정이 끝없이 거듭되면서 우리는 어떤 궁극적인 이론에도, 최종적인 이론에도 도달하지 못하는 것이다.

반면, 미래의 어느 날 알려진 모든 현상을 성공적으로 예측하고 우리 우주에 대해 제기될 수 있는 모든 문제에 답할 이론을 발견한다고 상상해보자. 이 이론을 최종 이론이라고 부르고 싶은 마음이 굴뚝같다고 해도, 그것을 확인할 방법은 없다. 현재까지의 모든 관측을 성공적으로 서술하는 이론이 있다 하더라도, 내일 나올 관측 결과가 이 이론과 일치하지 않을 수도 있는 것이다. 이런 측면에서 볼 때 과학의 임무는 절대 끝날 수 없다. 세상에는 언제나 답을 찾지 못한 새로운 의문이 존재할 것이다.

그러나 지금이든 언제든 과학이 단순히 답할 수 없는 문제들이 몇 가지 있는 것 같다. 그중 몇 가지는 인류 역사상 인간과 문화가 다양한 형태로 스스로에게 계속 물어왔던 큰 질문이다. 그런 질문들 중에서도 이 의문만큼 많은 사람에 의해 여러 번 진지하게 고찰된 것은 없을 것이다. '왜 아무것도 없는 것이 아니라 무언가 존재하는가?'

언뜻 보기에 이 문제는 우주론이 답하기에 적절해 보이는 것 같다. 결국 우주론 학자들은 그 모든 것 가운데서도 우주가 어떻게 시작되었는지 연구하고 있으니 말이다. 그러나 '어떻게?'는 기본적으로 '왜?'와는 다르다. 아이들은 항상 말끝마다 "왜?"라고 묻는다. 당신이 아는 게 많고 운도 좀 따르는 사람이라면 아이의 이런 질문에 몇 개는 성공적으로 답해줄 수 있을지도 모른다. 그러나 오래지 않아, 별 수 없이 이렇게 대답해야 하는 처지가 된다. "그건 원래 그래."

우리 세상에 관한 사실 중에도 그냥 원래 그런 경우가 틀림없이 있을 것이다. 이것을 철학자들은 '주어진 사실brute fact'이라고 부른다. 그런 명제는 어떤 설명도 요구하지 않고, 어쩌면 설명 자체가 존재하지 않을 수도 있다. 그런 것들은 그냥 사실이다.

왜 아무것도 없지 않고 무엇인가 존재하는가라는 문제에 대해서라면, 일부 물리학자들은 실체의 양자적 성질이 이 문제에 어떤 빛을 비춰줄 것이라고 주장한다. 양자물리학에서는 사물이 자발적으로 존재할 수 있다는 사실을 발견했다. 비록 아주 짧은 순간에 한해서이지만. 그리고 급팽창 과정을 통해 가장 작은 공간의 조각도 온전한 형태를 갖춘 우주로 팽창할 수 있다. 아마 우리 우주도 이런 식으로 존재하게 되었을 것이다.

그러나 내가 볼 때 이런 식의 설명은 당장 우리 손에 들린 의문들을 궁극적으로 해결하지 못한다. 나도 호기심 어린 아이처럼 그런 설명들에 '왜?'라는 질문으로 대꾸할 수 있다. 실체의 양자적 성질은 공간 그리고 공간이 포함하는 에너지와 물질이 어떻게 존재하게 되었는지 설명할 수 있을지도 모른다. 그러나 실체의 양자적 성질 자체는 어디에서 기인했는가? 그리고 왜 실체는 이런 식으로 기능하는가? 급팽창이 우주를 '거의' 무無에서부터 만들어낼 수 있다는 것은 사실인 것 같지만, 진정한 무에서 실체로 건너오는 다리는 여전히 우리의 이해 능력 너머에 있다. 내가 느끼기에 이런 식의 설명들은 애초에 출발했던 곳에서 크게 나아간 것 같아 보이지 않는다.

한편으로 이런 답들은 역사 전반에 걸쳐 여러 철학자와 신학자가 제시한 답보다 더 나쁠 것은 없다. 아리스토텔레스는 우리 우주를 움직이게 하려면 "원동자元動子, prime mover"가 필요하다는 결론을 내렸고, 신학자들은 우리 우주의 존재가 오로지 신의 행동으로서만 설명될 수 있다고 오랫동안 주장했다. 그러나 그들의 설명은 결국에는 양자적 과정에 의존하는 것만큼이나 공허하며, 우리가 가진 의문들에 답하지 못한다. 이런 의문들을 다루기 위해 신에게 기댈지 아니면 양자역학에 의존할지와는 상관없이, "왜"라는 궁극의 의문으로부터 탈출할 방법은 없다. '주어진 사실'을 내키는 대로 미뤄둘 수도 있겠지만, "왜"라는 형태의 의문들은 결국에는 "왜냐하면"이라는 답으로 끝나야 한다.

오늘날의 우주론의 상황을 깊이 생각해보면, 나 자신이 매우 다른 두 견해 사이에서 오가고 있음을 발견한다. 한편으로 우리는 과학적 노력에서 놀라운 성공을 거두었다. 우리 우주를 관측해온 결과, 우주는 빅뱅이라고 하는 뜨겁고 조밀한 상태에서 발현해 수십억 년에 걸쳐 팽창해왔음을 분명히 확인했다. 지난 수십 년간 새롭고 더 정확해진 측정으로 우주 역사를 더욱 상세히 재구성함으로써 빅뱅 이론은 면밀한 조사와 개선을 거듭할 수 있었다. 그리고 우리 우주의 팽창률, 우주마이크로파배경의 온도 패턴, 다양한 화학 원소의 함량비, 은하와 거대 규모 구조들의 분포 등 다양한 측정 결과를 비교하는 과정에서 대단히 충격적인 일치를 발견했다.

이런 일련의 데이터가 우리 우주가 빅뱅 이론이 예측한 그대로 팽창하고 진화해왔다는 결론을 뒷받침한다. 이런 관점에서 우리 우주는 인간이 온전히 이해할 수 있는 존재인 것처럼 보인다.

반면, 우주론 학자들이 우리 우주의 중요한 측면을 이해하지 못해 난항을 겪는—실패까지는 아니어도—사례들은 굳이 멀리서 찾아볼 필요도 없다. 우리는 우주에 존재하는 총에너지의 95퍼센트 이상을 차지하는 암흑물질과 암흑에너지에 대해 아는 것이 거의 없다. 우리 세상에 존재하는 원자들이 뜨거운 초기 우주에서 어떻게 살아남을 수 있었는지 또는 우주 급팽창의 시대가 어떻게 끝나게 되었는지는 그저 추정만 할 수 있을 뿐이다. 이런 미스터리 각각이 그 자체로 매혹적이긴 해도, 내가 정말로 흥미를 느끼는 점은 이 미스터리들이 우리에게 빅뱅 이후 이어진 첫 순간들을 가리키는 것 같다는 것이다. 이런 의미에서, 암흑물질 입자를 검출하지 못하는 우리의 무능과 오늘날의 우주에 원자가 존재한다는 단순한 사실은, 우주 역사의 가장 첫 순간에 지금도 우리가 모르는 사건들, 상호작용, 물질과 에너지가 존재했을 수 있다고 암시한다. 우주 급팽창 역시 이 첫 순간에 발생했고, 지금까지 찾은 답보다 훨씬 더 많은 문제를 제기하고 있다. 이것이 우리 우주의 가장 큰 미스터리이며, 우리가 찾은 모든 지표는 그

해답이 빅뱅 후 첫 몇분의 1초 안에 숨어 있음을 보여준다.

일부 과학자들은 이 퍼즐이 아직 잘 설명되지 않는 부분일 뿐이며, 이후의 조사와 연구를 통해 해결될 것이라 기대한다. 그러나 지금까지 이 문제들은 무척이나 고집스럽고 끈질기다는 것을 보여주었다. 우리는 암흑물질을 구성하는 입자 검출에 필요하다고 판단되는 실험을 설계해 진행했지만 아무것도 찾지 못했다. LHC에서도 우주의 미스터리 중 어느 것 하나라도 해결하는 데 다가가게 할 실마리는 전혀 나오지 않았다. 우리 우주의 팽창 역사와 거대 규모 구조를 그 어느 때보다도 정밀하게 측정했지만, 암흑에너지의 본질에 대한 이해는 그에 비례하지 않았다.

이 상황을 바라보며, 나는 우주의 이런 미스터리가 그저 '잘 설명되지 않는 부분'을 넘어 더 중요하고 포괄적인 현상의 증상이 아닐지 스스로에게 묻는다. 어쩌면 이런 퍼즐들은 겉보기처럼 서로 무관한 것이 아니라, 우리 우주의 첫 순간들에 대해 우리가 이해하는 내용과는 완전히 다른 그림을 보여주고 있는지도 모른다. 우리 우주의 기원에 관해 가끔은 궁금해진다. 우리의 이해를 뒤집을 만한 혁명은 정말로 다가오고 있는 것일까?

과학 혁명은 늘 예상치 못한 상태로 등장하고, 처음에는 극히 일부를 제외하고는 누구도 알아채지 못한 채로 진행된다. 1904년을 상상해보자. 그때만큼 물리학이 확고한 기반 위에 서 있는 것처럼 보였던 적은 없다. 이전 200년 동안 물리학자들은 뉴턴의 운동 법칙과 중력 법칙으로 수없이 많은 문제를 멋지게 해결해왔다. 19세기의 산업 발전과 함께 인간의 지식 범위는 전기, 자기, 열까지 확장되었는데, 이런 새로운 현상을 이해하는 방식도 여러 측면에서 뉴턴이 수백 년 전에 설명했던 방법과 크게 다르지 않았다. 1904년을 살던 물리학자들은 스스로 세상을 아주 잘 이해하고 있는 것 같았다. 곧 혁명이 다가오리라고 예상할 만한 이유는 없었다.

그러나 오늘날 우주론 학자들이 처한 상황과 비슷하게, 1904년의 물리학자들도 아직 해결하지 못한 문제가 몇 가지 있었다. 빛의 속도를 측정해보니 뜻밖에도 속도의 변화가 없다는 것이 발견되었다. 빛은 방향이나 시간과 관계없이 언제나 같은 속도로 공간을 가로질러 이동한다. 물리학자들은 오랫동안 빛이 매질을 타고 공간을 가로질러 여행한다고 생각했으며, 이 매질을 발광성 에테르luminiferous aether라고 불렀다. 그러나 빛의 속도가 변하지 않는다는 점, 그리고 에테르의 직접적인 증거가 없다는 점이 그때까지의 개념에 정면으로 도전장을 내밀었다. 물리학자들은 에테르의 효과를 탐지하는 데 왜 실패했는지 이해하기 어려웠지만, 에테르 없이는 빛의 성질을 이해할 설득력 있는 방법을 찾지 못했다.

당시의 물리학자들은 수성의 운동을 관측한 결과에도 당혹감을 감추지 못했다. 이전 수십 년 동안 천문학자들은 수성의 궤도가 뉴턴 방정식의 예측과 조금 다르다는 것을 이미 알고 있었다. 그래서 어떤 이들은 아직 발견되지 않은 행성이 존재하며(이 행성은 '벌컨'이라고 불렀다), 이 행성이 수성의 궤도를 교란하는 것이라고도 주장했다. 그러나 아무리 노력을 기울여도 벌컨은 발견되지 않았다.

아마도 1904년의 물리학자들이 가장 고민한 문제는 태양의 동력이 무엇인지 전혀 알 수 없다는 점이었을 것이다. 그때까지 알려진 화학적, 기계적 과정으로는 그토록 오랫동안, 그렇게 많은 태양빛을 만들어내기에 충분한 에너지를 생성할 수 있는 것이 없었다. 그들이 아는 한에서라면 태양은 오래전에 빛을 잃었어야 했다.

그리고 마지막으로, 1904년의 물리학자들에게 원자 내부의 현상은 총체적이고 온전한 미스터리로 남아 있었다. 다양한 화학 원소가 저마다 구체적인 스펙트럼을 보이는 빛을 방출하고 흡수한다는 사실은 알려졌지만, 물리학자들은 그 이유를 알 도리가 없었다. 원자의 안전성 자체도 뉴턴 물리학의 관점에서는 이해하기 어려웠다.

혁명이 다가오는 것을 본 사람은 없지만, 지나고 나서 보면 결국 이런 문제들이 곧 도래할 혁명을 알리는 전조였음을 쉽게 파악할 수 있다. 그리고 1905년에, 젊은 물리학자 아인슈타인과 그의 새 이론인 상대성이론에 의해 혁명은 실제로 시작되었다. 우리는 이제 발광성 에테르는 존재하지 않으며 벌컨이라는 행성은 없다는 것을 안다. 이런 가설들은 뉴턴 물리학의 기반에 깔린 문제의 증상들이었다. 상대성이론은 새로운 행성이나 물질의 도움 없이도 이런 미스터리 하나하나를 아름답게 해결하고 설명했다. 뿐만 아니라 상대성이론이 양자물리학이라는 새로운 이론과 결합했을 때 오랫동안 활동해온 태양의 동력을 설명할 수 있었고, 그와 동시에 원자 내부의 작용도 설명할 수 있었다. 새 이론들은 이전에는 상상조차 하지 못한 일련의 새로운 탐구로 향하는 문도 열어주었다. 우주론도 이에 해당한다.

과학 혁명은 우리 세상을 바라보고 이해하는 방식을 심오하게 바꾸어놓는다. 그러나 근본적인 변화가 다가오는 것을 직시하기란 쉽지 않다. 현재 우주론 학자들이 직면한 미스터리들이 다가올 과학의 혁명의 전조인지, 아니면 그저 놀랍도록 성공적인 과학적 성과의 마지막 남은 미진한 부분인지 알 방법은 없다. 우리가 우리 우주를, 우주의 역사를, 그리고 우주의 기원을 이해하는 데서 놀랄 만한 성과를 거두었다는 점은 의심할 여지가 없다. 그러나 우리는 또한 당혹스러운 처지에 놓여 있으며, 특히 빅뱅 이후 첫 몇분의 1초에 관해서라면 더욱 그렇다. 나는 이 첫 순간에 놀라운 비밀이 숨겨져 있다는 것을 의심하지 않지만, 우리 우주는 그 비밀을 완벽히 잘 감추고 있다. 그 비밀들을 우주의 손아귀에서 풀어내고, 미스터리에서 발견으로 나아가는 것은 결국 우리에게 달려 있다.

인용 출처

1장 *The Collected Papers of Albert Einstein, Volume 5: The Swiss Years: Correspondence, 1902-1914*. Copyright © 1995 by Hebrew University of Jerusalem. 프린스턴대학교 출판부의 허가를 받아 인용.

2장 "What I Believe," *Forum and Century* 84 (1930), 193-194, published in *The Ultimate Quotable Einstein*, collected and edited by Alice Calaprice. Copyright © 2011 by Princeton University Press and Hebrew University of Jerusalem. 허가를 받아 인용.

3장 *Kosmos: A Course of Six Lectures on the Development of Our Insight into the Structure of the Universe, Delivered for the Lowell Institute in Boston, in November 1931* by Willem de Sitter, Harvard University Press, 1932. 저자의 허가를 받아 인용.

4장 마틴 리스 경의 허가를 받음.

5장 조너선 리처드 엘리스의 허가를 받음.

6장 *The Pleasure of Finding Things Out: The Best Short Works of Richard Feynman, edited by Jeffrey Robbins*. Copyright © 1999 by Michelle Feynman and Carl Feynman. 아셰트와 영국 펭귄랜덤하우스의 허가를 받아 인용.

7장 *In Quest of the Universe*, Seventh Edition by Theo Koupelis.

감사의 말

이 책에 의견을 주신 모든 분께 감사드립니다. 특히 대니얼 화이트슨, 크리스 베일, 베키 후퍼, 그리고 앤디 마레스카에게 감사합니다. 또한 편집자 제시카 야오에게도 감사합니다. 그녀는 더 좋은 책을 만들기 위해 나를 끝없이 몰아붙였으며, 내가 듣고 싶어 하지 않을 때에도 훌륭한 조언을 해주었습니다.

찾아보기

ㅅ

ㅇ

ㅎ

옮긴이 배지은
서강대학교 물리학과와 동대학원을 졸업하고, 휴대전화를 만드는 엔지니어로 일했다. 이후 이화여자대학교 통역번역대학원에서 번역학을 전공한 뒤 과학책과 소설을 번역하고 있다. 『일상적이지만 절대적인 양자역학지식 50』『호킹의 빅 퀘스천에 대한 간결한 대답』『나의 대답은 오직 과학입니다』『수학의 함정』 등 다수의 책을 우리말로 옮겼다.

우리 우주의 첫 순간

초판 발행 2023년 10월 5일

지은이 댄 후퍼
옮긴이 배지은
펴낸이 김정순
책임편집 조은화
편집 허영수 이근정
디자인 이강효
마케팅 이보민 양혜림

펴낸곳 (주)북하우스 퍼블리셔스
출판등록 1997년 9월 23일 제406-2003-055호
주소 04043 서울시 마포구 양화로 12길 16-9(서교동 북앤빌딩)
전자우편 henamu@hotmail.com
홈페이지 www.bookhouse.co.kr
전화번호 02-3144-3123
팩스 02-3144-3121

ISBN 979-11-6405-034-5 03440

* 해나무는 (주)북하우스퍼블리셔스의 과학 브랜드입니다.